高等职业教育系列教材

职 业 素 养

主　编　金　琰

副主编　于炜芳　李柯柯

参　编　肖陆嘉　汤妮南　徐　菲　尤印国

万志强　陆正兴　符黛贤　周　萍

主　审　曹建林　钟伟跃

机械工业出版社

本书着眼于如何提升高职院校学生的基本职业素养，以行为养成为主线，以传授技巧为重点，让学生在其中体验、感悟、提升，达到自我觉察、自我教育、自我发展的目的，从而提升基本职业素养。本书以从事生产、管理第一线的人才必须具备的职业素养（如当代大学生的职业理想与道德、职场礼仪及沟通技巧、团队合作能力等）为主线，重点阐述了PDCA、5S、可视化管理等现场管理的基本工作行为方式和思维方式，强调了做好职业生涯规划的重要性。本书内容与企业实际工作联系紧密，突出了实践性和趣味性，在各章节里基本都有思考题、案例题、实践题、自测题等，适用于高职院校的学生使用或企业员工培训。

本书配有授课电子课件，需要的教师可登录 www.cmpedu.com 免费注册，审核通过后下载，或联系编辑索取（微信：15910938545，电话：010-88379739）。

图书在版编目（CIP）数据

职业素养 / 金琰主编. —北京：机械工业出版社，2016.6（2026.2 重印）
高等职业教育系列教材
ISBN 978-7-111-53988-9

Ⅰ. ①职… Ⅱ. ①金… Ⅲ. ①职业道德－高等职业教育－教材
Ⅳ. ①B822.9

中国版本图书馆 CIP 数据核字（2016）第 128113 号

机械工业出版社（北京市百万庄大街 22 号　邮政编码 100037）
策划编辑：王　颖　　责任编辑：王　颖
责任校对：张艳霞　　责任印制：刘　媛
北京富资园科技发展有限公司印刷
2026 年 2 月第 1 版・第 10 次印刷
184mm×260mm・10.25 印张・243 千字
标准书号：ISBN 978-7-111-53988-9
定价：39.90 元

电话服务
客服电话：010-88361066
010-88379833
010-68326294

网络服务
机　工　官　网：www.cmpbook.com
机　工　官　博：weibo.com/cmp1952
金　书　网：www.golden-book.com
机工教育服务网：www.cmpedu.com

出版说明

《国家职业教育改革实施方案》（又称“职教20条”）指出：到2022年，职业院校教学条件基本达标，一大批普通本科高等学校向应用型转变，建设50所高水平高等职业学校和150个骨干专业（群）；建成覆盖大部分行业领域、具有国际先进水平的中国职业教育标准体系；从2019年开始，在职业院校、应用型本科高校启动“学历证书+若干职业技能等级证书”制度试点（即1+X证书制度试点）工作。在此背景下，机械工业出版社组织国内80余所职业院校（其中大部分院校入选“双高”计划）的院校领导和骨干教师展开专业和课程建设研讨，以适应新时代职业教育发展要求和教学需求为目标，规划并出版了“高等职业教育系列教材”丛书。

该系列教材以岗位需求为导向，涵盖计算机、电子、自动化和机电等专业，由院校和企业合作开发，多由具有丰富教学经验和实践经验的“双师型”教师编写，并邀请专家审定大纲和审读书稿，致力于打造充分适应新时代职业教育教学模式、满足职业院校教学改革和专业建设需求、体现工学结合特点的精品化教材。

归纳起来，本系列教材具有以下特点：

1）充分体现规划性和系统性。系列教材由机械工业出版社发起，定期组织相关领域专家、院校领导、骨干教师和企业代表召开编委会年会和专业研讨会，在研究专业和课程建设的基础上，规划教材选题，审定教材大纲，组织人员编写，并经专家审核后出版。整个教材开发过程以质量为先，严谨高效，为建立高质量、高水平的专业教材体系奠定了基础。

2）工学结合，围绕学生职业技能设计教材内容和编写形式。基础课程教材在保持扎实理论基础的同时，增加实训、习题、知识拓展以及立体化配套资源；专业课程教材突出理论和实践相统一，注重以企业真实生产项目、典型工作任务、案例等为载体组织教学单元，采用项目导向、任务驱动等编写模式，强调实践性。

3）教材内容科学先进，教材编排展现力强。系列教材紧随技术和经济的发展而更新，及时将新知识、新技术、新工艺和新案例等引入教材；同时注重吸收最新的教学理念，并积极支持新专业的教材建设。教材编排注重图、文、表并茂，生动活泼，形式新颖；名称、名词、术语等均符合国家标准和规范。

4）注重立体化资源建设。系列教材针对部分课程特点，力求通过随书二维码等形式，将教学视频、仿真动画、案例拓展、习题试卷及解答等教学资源融入到教材中，使学生的学习课上课下相结合，为高素质技能型人才的培养提供更多的教学手段。

由于我国高等职业教育改革和发展的速度很快，加之我们的水平和经验有限，因此在教材的编写和出版过程中难免出现疏漏。恳请使用本系列教材的师生及时向我们反馈相关信息，以利于我们今后不断提高教材的出版质量，为广大师生提供更多、更适用的教材。

机械工业出版社

前　言

高等职业教育必须要把德育工作放在首位，全面推进素质教育，培养受企业欢迎的高素质技能型人才。是否具备较高的职业素养逐渐成为企业录用高职院校毕业生的重要衡量标准。全面提升员工素养，是企业提升核心竞争力和品牌内涵的必要条件。

拥有成功的职业生涯是每一个大学生的梦想，然而，如何从一个青涩单纯的大学生顺利转型为倍受青睐的企业人，这不是仅凭大学文凭和各种技能证书就能确保的。许多在学校成绩优异的学生到企业中却四处碰壁，无法施展拳脚。如何成功演绎从职场“菜鸟”到职场“达人”的转变？如何以大方得体的形象为自己的职业生涯加分？应该提前知晓哪些企业运营的基本通则，以便进入生产现场后游刃有余？这正是本书编写的初衷。编者长期深入各类企业走访、会谈，并积极开展各种领域的项目合作，获取了第一手资料，为本书的编写奠定了坚实的基础。

本书以职业生涯规划、职业道德的重要性导入，以职场礼仪及沟通技巧为主线，介绍并分析了各类不同的企业文化，重点阐述了 PDCA（即计划、执行、检查、行动）、5S（即整理、整顿、清扫、清洁和素养）、可视化管理等现场管理的基本工作行为方式。本书在编写过程中，力争确保两大特点：

（1）实践性

实践性表现在与企业现场实际运行情况的结合度高，书中所叙述的管理流程、职场礼仪、沟通技巧等切实可用，实用性强。

（2）趣味性

趣味性表现在以案例作为切入点，在案例的搜集和选择上力争与现实企业情况同步，并符合大学生的心理特征；在职业生涯规划、团队合作、职场沟通等章节后都配以自测题，激发读者的阅读兴趣。

本书由无锡科技职业学院金琰主编，副主编为无锡科技职业学院于炜芳、李柯柯，参编人员有无锡科技职业学院肖陆嘉、汤妮南、徐菲、尤印国，村田公司万志强、陆正兴、符黛贤、周萍（排名不分先后）。无锡科技职业学院党委书记曹建林教授，无锡村田电子有限公司董事、副总经理钟伟跃主审。

本书在编写过程中还得到了无锡村田电子有限公司以野村慎治总经理为首的专家团队以及无锡科技职业学院唐育正的大力支持，在此表示衷心感谢！本书的撰写还借鉴了一些书刊、教材的观点和材料，吸取了有关论著的最新成果，在此一并向有关作者致谢。

由于编者水平有限，一些写作意图未能很好地渗透在本书中，敬请读者谅解。欢迎广大读者提出批评意见，今后将不断修订和完善，以确保本书内容与时俱进。

编　者

目　录

第1章　职业理想与职业生涯规划

1.1　职业理想

课堂活动设计——你怎么看待职业理想?大学生应如何培养职业理想？

【活动目标】

1）使学生认识到培养职业理想的重要意义。

2）让学生意识到职业理想与自己未来职业的密切联系。

【活动流程】

1）学生对课堂案例进行分组学习与讨论。

2）让学生分析并体会职业理想与事业成功的关系，各组派代表进行交流发言。

【案例1】

亨利是在贫穷中长大的。他的梦想是成为体育明星。亨利16岁的时候就已经精通棒球了，他能以约144km/h的速度投出一个球，并且能击中任何一个在球场上移动的东西。不仅如此，他还是非常幸运的。亨利高中的教练贾维斯不仅对亨利充满信心，而且还教会了亨利如何对自己也充满自信。然而，在亨利和贾维斯教练之间发生了一件非常特殊的事情，并且改变了亨利的一生。

那是在亨利高中三年级的那年夏天，一个朋友推荐他去打一份零工。这对亨利来说是一个难得的赚钱机会，它意味着他将会有钱去买一辆新自行车，添置一些新衣服。亨利真想立即就接受这次难得的机会。

但是，亨利也意识到，为了保证打零工的时间，他将不得不放弃自己的棒球训练，那就意味着他将不得不告诉贾维斯教练自己不能够参加棒球比赛了。对此，亨利感到非常害怕，但他还是鼓足勇气，去找贾维斯教练，并决定把这件事情告诉他。

当亨利把这件事告诉贾维斯教练的时候，教练果然就像亨利早就料到的那样非常生气，“今后，你将有一生的时间来工作，”他注视着亨利，厉声说，“但是，你能够参加比赛的日子却能够有几天呢？那是非常有限的。你浪费不起呀!”

“孩子，你能告诉我你将要去干的这份工作能挣多少钱吗？”教练问道。“一小时3.25美元。”亨利仍旧不敢抬头，嗫嚅着答道。“啊，难道一个梦想的价格就值一小时3.25美元吗？”教练反问道。

这个问题，再简单、再清楚不过了，它明白无误地向亨利揭示了注重眼前得失与树立长远目标之间的不同。就在那年夏天，他全身心地投入到体育训练之中去了，并且就在那一年，他被匹兹堡派尔若特棒球队选中，签订了20000美元的协议。此外，他还获得了亚利桑那大学的棒球奖学金，它使亨利获得了大学教育。之后，他在两次民众票选中当选为“全美棒球后卫”。在美国国家棒球联盟队员第一轮选拔中，亨利的总分名列第七。1984年，亨利和丹佛的野马队签订了170万美元的协议，终于圆了为妈妈买一所房子的梦想。

【案例分析】梦想只要能持久，就能成为现实。我们不就是生活在梦想中的吗？有人说，心有多大，舞台就有多大。定位梦想的体积，然后实现它！

1.1.1 职业理想概述

职业理想是人们在职业上依据社会要求和个人条件，借想象而确立的奋斗目标，即个人渴望达到的职业境界。它是人们实现个人生活理想、道德理想和社会理想的手段，并受社会理想的制约。职业理想是人们对职业活动和职业成就的超前反映，与人的价值观、职业期待、职业目标密切相关，同时也与世界观、人生观密切相关。

1.1.2 职业理想的特点

1. 差异性

职业是多样的。一个人选择什么样的职业，与他的思想品德、知识结构、能力水平及兴趣爱好等都有很大的关系。政治思想觉悟、道德修养水准以及人生观决定着一个人的职业理想方向。知识结构、能力水平决定着一个人的职业理想追求的层次。个人的兴趣爱好、气质性格等非智力因素以及性别特征、身体状况等生理特征也影响着一个人的职业选择。因此，职业理想具有一定的个体差异性。

2. 发展性

一个人的职业理想的内容会因时因地因事的不同而变化。随着年龄的增长、社会阅历的增强及知识水平的提高，职业理想会由朦胧变得清晰，由幻想变得理智，由波动变得稳定。因此，职业理想具有一定的发展性。孩提时代想当一名警察，长大后却成了一名教师的事实就说明了这一点。

3. 时代性

社会的分工、职业的变化，是影响一个人职业理想的决定因素。生产力发展的水平不同，职业理想和社会实践的深度和广度不同，人们的职业追求目标也会不同，因为职业理想是一定的生产方式及其所形成的职业地位、职业声望在一个人头脑中的反映。计算机的诞生，从而演绎出与计算机相关的职业，如计算机工程师、软件工程师及计算机打字员等。国家向社会发布第一批 9 个职业以后，又向社会发布第二批 10 个职业。这批职业是会展策划师、商务策划师、数字视频（DV）策划制作师、景观设计师、模具设计师、家具设计师、建筑模型设计师、客户服务管理师、宠物健康护理员以及动画绘制员。这些职业基本上都集中在服务业，主要是管理、策划创意、设计和制作。其特点是不仅要求从业人员有较高的理论知识素养，而且要求有较强的动手能力，属于高技能人才中的知识技能型人才。

1.1.3 职业理想的作用

1. 职业理想是职业选择的向导

理想是前进的方向，是心中的目标。人生发展的目标通过职业理想来确立，并最终通过职业理想来实现。俄国的托尔斯泰曾说过：“理想是指路的明灯，没有理想就没有坚定的方向，就没有生活。”

由于职业理想是人们对未来职业的向往，一个人一旦确立了科学的职业理想，就应当朝着实现这一理想的方向去努力。而为了实现自己的职业理想，首先必须选择一个与之相适应的职业，这个职业可以是所从之业，也可以是所创之业，否则，职业理想就无法或者很难得到实现。因此，在进行职业选择时，其职业理想将起着非常重要的导向作用。

2．职业理想是取得职业成功的推动力

职业理想源于现实又高于现实，它比现实更美好。为使美好的未来和宏伟的憧憬变成现实，人们会以坚忍不拔的毅力、顽强的拼搏精神和开拓创新的行动为之努力奋斗。12 岁时，周恩来就发出“为中华之崛起而读书”的誓言，表达了他从小立志振兴中华的伟大志向。

由于职业理想是人们对未来职业的追求，它不仅包括了工作的部门、工作的种类，还包括了工作的成就。无论是从业还是创业，每个人都有自己的职业理想。为了实现自己的职业理想，从学生时代起就必须积极进行相关知识的积累和相关能力的培养，为选择自己理想中的职业做准备；走上职业岗位后，还要能够利用自己所学的知识，努力地、创造性地做好岗位工作，力争取得优异的工作成绩，并最终取得职业成功。

3．职业理想是事业成功的精神支柱

当一个人在工作中偏离了理想目标时，职业理想就会发挥纠偏作用，尤其是在实践中遇到困难和阻力时，如果没有职业理想的支撑，人就会心灰意冷、丧失斗志。

职业理想是成就事业、推动社会进步的精神力量。正确的职业理想将带来强大的精神力量，无论是在职业准备、职业选择还是在就业或创业的过程中，无论在顺境或者是在逆境，遇到何种困难与曲折，就都会朝着已经确立的职业目标奋发进取，勇往直前，直到取得事业上的成功。

1.1.4　大学生对待职业理想的正确态度

有些人认为找工作赚钱就行，尤其是在就业形势非常严峻的情况下，没有必要再谈职业理想了。这种想法是不对的。实际上，在任何情况下，一个人都应该有一个长远而又切实的职业理想。

在实际生活中，现实往往与职业理想发生矛盾。很多人不能按照自己的理想标准选到合适的职业，于是有的人索性不就业，坐等理想职业的出现；有的人随便谋个有收入的职业混日子；也有的人对与自己的职业理想不相符的工作怨天尤人，无所作为。这些现象发生的根源，皆在于择业者没有能正确认识职业理想与现实的关系。

其实，在大学生毕业后刚工作的两年里，大多数人都会感觉到现实与自己职业理想的落差非常大，这段时期称为“职业探索期”。在这段时间里，职业理想与现实发生冲突非常正常。在这段时间里应该积累经验，同时通过提升自己的能力来调整自己的职业理想，积极寻找机会，从而为自己的长期发展奠定基础。

对于大学生来说，职业理想与“饭碗”的矛盾会经常发生。这种情况一旦发生，既不要怨天尤人，也不要心灰意冷，而是要冷静地看待。

1．理性分析自己的职业理想定得是不是脱离实际

职业理想虽然因人而异、没有绝对的标准。但是，理想职业必须以个人能力为依据，超越客观条件去追求自己的所谓理想，是不现实的。这就要求大学毕业生在选择职业之前一定正确估价自己，给自己一个合理的定位。

2．不要奢望一帆风顺的职业理想

有人把职场分为“天堂团队”“人间团队”“地狱团队”，很多人以为不进入“天堂团队”就是不理想的。实际上，很多真正有能力的人是从“人间团队”，甚至“地狱团队”走出来的。当一个人的职业生涯并不是一帆风顺的时候，往往可以使一个人的多方面能力得到更好的锻炼。

3．职业理想不等于理想职业

一般认为当个人的能力、职业理想与职业岗位最佳结合时，即达到三者的有机统一时，这个职业才是你的理想职业。只要你的职业理想符合社会需要，而自己又确实具备从事那种职业的职业素质，并且愿意不断地付出努力，迟早会有一天实现自己的职业理想；而理想职业却带有很大的幻想成分。

如果你所选择的职业岗位已无空缺，而你又需要立即就业，那就先降低一点自己的要求。因为如果没有工作，即意味着没有实现职业理想的可能。而就业以后，可以在主观努力下向自己的职业理想靠近，例如对自己的兴趣、爱好进行一定的调整。

1.1.5　大学生职业理想的实现条件

1．了解自己——你能做什么人，最难看清楚的是自己

青年学生更容易把自己放在很高的起点去观察周围环境、思考职业未来，甚至还想将来所从事的工作条件要比别人好一些、付出的劳动比别人少一些、拿的工资却要比别人高一些。显然，这种失去“自我”的职业憧憬是“空中楼阁”，是“水中月亮”，永远可望而不可即。只有从自身出发，从自己所受的教育、能力倾向、个性特征、身体健康状况出发，才能够准确定位，瞄准适合自己的岗位去不懈努力。

2．了解职业 ——要你干什么

并非所有的职业都适合你，你也并不能胜任所有的职业岗位。每种职业都有与之相适应的职业能力要求，除了具备观察、思维、表达、操作、公关等一般能力之外，一些特殊行业还有特殊要求：对于会计、出纳、统计、建筑师、工业药剂师等职业来说，从业人员必须具备很强的计算能力；与图纸、建筑、工程等打交道的工作，以及牙科医生、内外科医生等职业，对空间判断能力的要求较高；对于图形的阴暗、线的宽度和长度能做出视觉上的区别和比较的人，就能够从事美术装潢、电器修理、动植物检疫等工作。因此，有选择地、有针对性地培养自己的能力，主动去适应并接受职业岗位的挑战是十分重要的。

3．了解社会 ——让你干什么

职业的存在和发展与社会的需求是紧密联系的。了解社会的需求是成功择业并就业的关键。了解社会主要是要了解社会需求量、竞争系数和职业发展趋势。社会需求量是指一定时期职业需求的总量。这是一个动态的又相对稳定的数量。例如，有的职业有很高的社会名望，但需求量很少；有的职业不为多数人看好，但有发展前途，且需求量较大。竞争系数是指谋求同一种职业的劳动者人数的多少。在其他条件一定的情况下，竞争系数越大，职业概率越小。社会地位高、工作条件好、工资待遇优的职业，想要谋取的人数多，相应地竞争系数就大。职业发展趋势是指职业未来发展的态势。有些职业一时需求量大，竞争激烈，但随着社会的发展可能日趋衰落；有些职业暂时处于冷落状况，但随着社会的发展可能会日益兴旺。因此，加强对社会职业需求的分析和预测，了解社会职业岗位需求情况是极其重要的。

1.2　职业生涯规划

课堂活动设计——你怎么看待职业生涯规划?大学生应如何进行职业生涯规划?

【活动目标】

1）使学生认识到培养职业生涯规划的重要意义。

2）让学生意识到职业生涯规划与自己未来成功的关系。

【活动流程】

1）学生对课堂案例进行分组学习与讨论。

2）让学生分析并讨论职业生涯规划与自己未来成功的关系，各组派代表进行交流发言。

【案例 2】　“被规划”的理想，再好也不是我的！

“望子成龙，望女成凤”是每个家长的心愿，费尽心力地把最好的送到孩子手里。最好的生活、最好的学校、最好的工作……能做的全部都要给他们安排好。可这真是孩子自己想要的么？

珍妮是家里的独生女，毕业于某名牌大学建筑学专业，成绩优秀。家里的亲戚多从事建筑业，日后珍妮也走上这条路，几乎是全家人的共识。珍妮的父母很早就为她设计好了未来的一切。毕业后，珍妮顺理成章地到一家国内很有名的建筑设计院工作。很快五个年头过去了，家里开始谋划着给她介绍对象，但珍妮心里却在犯愁：“介绍什么对象，工作已经很不愉快了，每天都是图纸图纸，设计院里气氛严肃到让人喘不上气，介绍对象，还不如给我介绍个新工作。”

最终，珍妮决心离开自己不喜欢的建筑设计工作。当然，这个决定遭到了全家人的坚决反对。为了这事，她和家里闹开了。珍妮喜欢策划，喜欢创意性强的工作，奢侈品品牌推广是她最感兴趣的领域。在她看来建筑设计太死板了，越来越没有兴趣，每天只是因为工作而工作。最终，珍妮还是从设计院毅然辞职了。这下。一家人的心情都跌到了谷底。以后怎么办?

【案例思考】职业生涯规划对每个人都很重要，而现在有不少人是“被规划”，而不是自己主动去规划。珍妮为什么会陷入这样的困境中？她接下来应该怎么办呢？

1.2.1　职业生涯规划概述

职业生涯规划，是指个人与组织相结合，在对一个人职业生涯的主客观条件进行测定、分析、总结的基础上，对自己的兴趣、爱好、能力、特点进行综合分析与权衡，结合时代特点，根据自己的职业倾向，确定其最佳的职业奋斗目标，并为实现这一目标做出行之有效的安排。职业生涯规划分为三个方面：职业定位、职业目标设定和职业通道设计。职业生涯的设计最具实践意义的是职业通道设计。

1.2.2　职业生涯规划的主要目的和意义

1．职业生涯规划的主要目的

职业生涯规划主要有以下两个主要目的。

（1）找到与自身职业理想匹配的工作

找工作最重要的就是要“人岗”匹配。每个工作都有长处和短处，每个人都有优势和劣势。分析、定位是职业生涯规划的首要环节，它决定着个人职业生涯的方向，也决定着职业生涯规划的成败。求职之前先要进行职业生涯规划，进行职业生涯规划之前先要进行准确的自我定位。先要弄清自己想要干什么、能干什么，自己的兴趣、才能、学识适合干什么。可以通过可靠的方法的测量，评估职业倾向、能力倾向和职业价值观，这是职业生涯规划的基础。职业生涯规划就是根据测评结果，以及自身的学历、经历、能力，了解一个人的内在、外在优势，并且把这些优势整合在一起，作为职场上打拼的核心竞争力。然后，由咨询师根据各行各业的职位进行分析，找到这个个人和岗位的匹配点，也叫职位切入点。

（2）通过规划求得职业持续发展

制定出今后各个阶段的发展平台，并且拿出攻占各个平台的计划和措施，然后由咨询师对切入点所在的市场状况、行业前景、职位要求、入行条件、培训考证、工作业务、薪酬提升、行业英语等进行详细的指导，如要上哪个平台，需要多长时间，补充哪些知识等。而自己则需要沿着主干道去充电，几年后成为业内的精英，从而使自己的薪水和职位得到升华。

2. 职业生涯规划的主要意义

职业生涯规划的主要意义体现在以下几个方面。

（1）职业生涯规划有助于确立个人发展目标

通过分析了解自身能力、才华和性格特点；找出自己的特长，确立自己的个人发展目标，并制定一系列行动计划，充分发挥自己的潜能，最终实现目标。

（2）职业生涯规划能够激励自己努力工作

随着时间的推移，你的计划将一步一步地实现，这时你的思维方式和工作方法将逐步改变，但最重要的是你必须有具体并且可实现的计划。

（3）职业生涯规划能助你把握关键

做好职业生涯规划有助于更好地安排日常工作的优先级顺序。通过职业生涯规划把握关键，提高成功的几率。

（4）职业生涯规划有利于挖掘个人潜力

职业生涯规划可以帮助你集中注意力，专注于自己有优势且能得到高回报的领域，这有助于你发挥更大的潜力，最终达成目标。

（5）职业生涯规划能助你了解当前的职业现状

为你提供了一个自我评估的重要功能。你可以根据规划的进展情况评价当前取得的阶段性成果、方向是否正确，对下阶段职业提升的各项准备是否充分而到位。

【案例 3】小林，金融专业，24 岁。因个人兴趣，在校期间做过某报社兼职记者。然而，临近毕业时这家报纸经营不善，于是她选择了学校推荐的某知名国有银行从事相关业务工作，但小林并不喜欢这个工作。不甘现状的她利用业余时间一边自学新闻专业的所有课程，一边给一些报纸、杂志撰写稿件。小林还在一家省级知名的出版社做兼职编辑，她很喜欢这份工作，准备辞职后到该出版社上班。

然而，某电视台的招聘信息打乱了小林的计划。小林觉得到电视台当记者既风光收入又高。经过考试她顺利进入了该电视台做了记者。但没过多久，她发现记者工作很难做——稿子频频被否定、没有底薪、选题很难通过。

小林开始怀疑自己的能力，不知自己究竟是否适合这项工作。她在家里漫无目的地翻报纸时，突然发现另一知名股份银行招聘有银行工作经验的人员。在向银行投递简历时，她又想起那位出版社总编说过的一句话：“你如果愿意回来，我们依然欢迎你，这里有你施展的空间。”现在，小林十分迷茫和苦恼：是留在电视台？还是去出版社？或者再去银行试试？

【案例分析】 小林的故事给了我们一个很沉重的警醒：去做自己喜欢的工作，还是做自己能做的工作，或是做职业声望高、收入高但自己不能胜任的工作？其实，这是职业方向定位的问题。因为小林没有对自己进行过职业生涯规划，因而并没有明确的职业发展方向，所以，在职业选择时才会出现这种迷茫：能做的不愿做，想做的又做不好，喜欢做的却没有做。如何找到适合自己的职业方向是她所面临的根本问题。俗话说：方向不明，无以为动。因为没有提前而系统进行职业生涯规划，小林职业方向的不明确导致她成了职场上的弱势群体，如何抉择职业至少在3年内还会困扰她。

1.2.3 职业生涯规划的目标类型

职业生涯目标是指个人在选定的职业领域内未来时间点上所要达到的具体目标，包括短期目标、中期目标和长期目标。职业生涯规划的评估与反馈过程是个人对自己的不断认识过程，也是对社会的不断认识过程，是使职业生涯规划更加有效的有力手段。

职业生涯规划根据目标的确定包括人生目标、长期目标、中期目标与短期目标的确定，它们分别与人生规划、长期规划、中期规划和短期规划相对应。一般，我们首先要根据个人的专业、性格、气质和价值观以及社会的发展趋势确定自己的人生目标和长期目标，然后再把人生目标和长期目标进行分化，根据个人的经历和所处的组织环境制定相应的中期目标和短期目标。

1. 人生规划

整个职业生涯的规划，时间长至 40 年左右，设定整个人生的发展目标。如规划成为一个有数亿资产的公司董事或者一个杰出的科学家，或者是自主创业后成为企业家。

2. 长期规划

5～10 年的规划，主要设定较长远的目标。如规划 30 岁时成为一家中型公司的部门经理，规划40岁时成为一家大型公司副总经理等。

长期职业目标特征如下：

1）目标是自己认真选择的，和组织、社会的发展需求相结合。

2）目标很符合自己的兴趣、价值观，能为自己的选择感到骄傲。

3）目标能用明确的语言定性说明。

4）有实现的可能，并有更大的挑战性。

5）目标与志向相吻合，能够立志通过努力实现理想。

6）目标与人生目标相融为一，指导自己为创造美好未来坚持不懈。

3. 中期规划

一般为 2～5 年内的目标与任务。如规划到不同业务部门做经理，规划从大型公司部门经理到小公司做总经理等。

中期职业目标特征如下：

1）目标是结合自己的志愿、组织的环境及要求制订的，与长期目标相一致。

2）目标基本符合自己的兴趣、价值观，使人充满信心。

3）目标切合实际，并且未来的发展有所创新，有一定的挑战性。

4）目标能用明确的语言定量与定性说明。

5）目标有比较明确的执行时间，根据外部环境变化可做适当的调整。

6）目标可以发挥自己的能动性，实现的可能性非常大。

4. 短期规划

两年以内的规划，两年内掌握哪些业务知识等。

在确定以上各种类型的职业生涯目标后，就要制定相应的行动方案来实现它们，把目标转化成具体的方案和措施。这一过程中比较重要的行动方案有职业生涯发展路线的选择、职业的选择和相应的教育和培训计划的制定。

短期职业目标特征如下：

1）目标表述清晰、明确。

2）目标对于本人具有意义，与自我价值观和中长期目标一致，有可能暂时不能完全满足自己的兴趣要求，但可“以迂为直”。

3）目标切合实际，并非幻想。

4）有明确的具体完成时间。

5）有明确的努力方向，通过努力能达到适合环境需要的能力，实现起来完全有把握。

6）目标精练。

1.2.4 职业生涯规划的原则

1. 喜好原则

只有这个事情是自己喜欢的，才有可能在碰到强大对手的时候仍然坚持；在遇到极其困难情况时不会放弃；在有巨大诱惑的时候也不会动摇。

2. 擅长原则

做擅长的事，才有能力做好；有能力做好，才能解决具体的问题。只有做自己最擅长的事情，才能做得比别人好，才能在竞争中脱颖而出。

3. 价值原则

你得认为这件事够重要、值得你做，否则你再有能耐也不会开心。

4. 发展原则

首先你得有机会去做，有机会做了还得有足够大的市场，足够大的成长空间，这样的职业才有潜力。

如果一个人做自己最喜欢的同时也是自己最擅长的事情，而且觉得这件事最有价值，那么做成的概率会很大；如果这件事情还很有发展前途，那么就可以获得更长久的成功。所以要想获得职业生涯的真正成功，坚持这四条原则非常重要！

1.2.5 职业生涯规划的方法

许多职业咨询机构和心理学专家进行职业咨询、职业生涯规划时常常采用的一种方法就是对5个“W”的思考。从“问自己是谁”开始，然后顺着问下去，共有5个问题。

1.“我是谁？”（Who am I ？）

应该对自己进行一次深刻的反思，有一个比较清醒的认识，优点和缺点都应该一一列出来。

2.“我想干什么？”(What do I want to do？)

这是对自己职业发展的一个心理趋向的检查。每个人在不同阶段的兴趣和目标并不完全一致，有时甚至是完全对立的。但随着年龄和经历的增长而逐渐固定，并最终锁定自己的终身理想。

3.“我能干什么？”(What can I do？)

这则是对自己能力与潜力的全面总结，一个人职业的定位最根本的还要归结于自己的能力，而职业发展空间的大小则取决于自己的潜力。对于一个人潜力的了解应该从几个方面着手去认识，如对事的兴趣、做事的韧劲、遇事的判断力以及知识结构是否全面、是否及时更新等。

4.“环境支持或允许我干什么？”(What is allowed to do?)

这种环境支持在客观方面包括本地的各种状态，比如经济发展、人事政策、企业制度、职业空间等；人为主观方面包括同事关系、领导态度、亲戚关系等。这两方面的因素应该综合起来看。有时我们在职业选择时常常忽视主观方面的东西，没有将一切有利于自己发展的因素调动起来，从而影响了自己的职业切入点。而在国外通过同事、熟人的引进找到工作是最正常也是最容易的。当然我们应该知道这和一些不正常的“走后门”等歪门邪道有着本质的区别。这种区别就是这里的环境支持是建立在自己的能力之上的。

5.“自己最终的职业目标是什么”（What is the plan of my career and life?）

明晰了前面四个问题，就会从各个问题中找到对实现有关职业目标有利和不利的条件，列出不利条件最少的、自己想做而且又能够做的职业目标，那么第五个问题自然就有了一个清楚明了的答案。

最后，将自我职业生涯计划列出来，建立形成个人发展计划书档案，通过系统的学习、培训，实现就业理想目标：选择一个什么样的单位，预测自我在单位内的职务提升步骤，个人如何从低到高逐级而上。例如从技术员做起，在此基础上努力熟悉业务领域、提高能力，最终达到技术工程师的理想生涯目标；预测工作范围的变化情况，不同工作对自己的要求及应对措施；预测可能出现的竞争，如何相处与应对，分析自我提高的可靠途径；如果发展过程中出现偏差，如果工作不适应或被解聘，如何改变职业方向。

1.3 大学生职业生涯规划

课堂活动设计——你了解自己的职业能力现状吗？

【活动目标】

1）通过自测使学生对职业能力进行自我评估。

2）让学生通过自测和学习，意识到职业生涯规划的重要性。

【活动流程】

1）学生对自测题进行自我测试，结果不用公开。

2）学生参与课堂的学习与实践活动后，在撰写个人职业生涯规划书时可以再次进行自我评估，作为规划书第一部分的信息来源。

大学生职业生涯规划现状调查

1. 我非常清楚地了解自己的兴趣。

□是　　□不太确定　　□不是　　□没有考虑

2. 我非常清楚地了解自己的个性。

□是　　□不太确定　　□不是　　□没有考虑

3. 我非常清楚地了解自己的能力特长。

□是　　□不太确定　　□不是　　□没有考虑

4. 我了解自己最不喜欢和最喜欢的职业。

□是　　□不太确定　　□不是　　□没有考虑

5. 我清楚自己未来三至五年的发展计划。

□是　　□不太确定　　□不是　　□没有考虑

6. 我非常清楚自己应该往哪些职业方向去发展。

□是　　□不太确定　　□不是　　□没有考虑

7. 职业生涯规划很重要吗？

□是　　□不太确定　　□不是　　□没有考虑

8. 为了更明确自己的发展方向，我会主动去做人才测评。

□是　　□不太确定　　□不是　　□没有考虑

9. 我愿意选择专业咨询机构做收费的职业生涯规划服务。

□是　　□否

10. 我在求职时考虑的因素包括：

□符合我个人的兴趣　　□符合我的特长能力　　□企业的知名度

□职位高低　　□报酬的高低　　□专业

1.3.1　大学生职业生涯规划的现状

当今，大学生的职业生涯规划是个热门的话题，许多大学开设了相关的课程或是专题报告与讲座，一时间职业生涯规划成了大学毕业生最为关注的热点之一。但不少大学毕业生还没有真正理解职业生涯规划的确切含义，对职业生涯规划的重要意义认识不足，不了解职业生涯规划的程序，缺乏进行规划的具体技巧。所以不少大学生对职业生涯规划或冷眼相对，或茫然无以适从，或使规划流于形式，不考虑主观及客观条件任意随自己的兴致来“规划”，这都会导致职业生涯规划的应有作用不能充分发挥。

通过对大学毕业生的求职准备情况的调查研究，以及对刚工作不久的毕业生进行过回访调查。发现学生在求职准备方面呈现出几个明显倾向：

第一，在职业能力的自我评估上，许多大学生存在高估或低估的倾向，呈现出明显偏差。

第二，在职业信息的了解上，大学生们过于关注职业是否符合自身需要，却忽略了职业要求与自身素质的匹配程度。

第三，在职业准备的投入上，大多数学生比较被动。

1.3.2 大学生职业生涯规划的意义

在市场经济中，社会竞争日趋激烈，“凡事预则立，不预则废”，职业生涯规划显得十分重要，其前提是正确认识自我。因此，客观上要求大学生应当制定符合自身实际情况的职业生涯规划，选择满足社会发展需要和自己有兴趣的专业，还要重新认识自我，调整自己的职业生涯规划，并积极做好知识、技能、思想、心理诸方面的准备，努力实施职业生涯规划。

大学生职业生涯规划，对大学生而言，就是在自己兴趣、爱好的前提下及认真分析个人性格特征的基础上，结合自己专业特长和知识结构，对将来从事工作所做的方向性的方案。大学生在走向社会前，将现实环境和长远规划相结合，给自己的生涯一个清晰的定位。

大学生首先需要进行自我评估，结合专业性的职业生涯规划机构，借助于潜能、人格、兴趣测验，判断自己的发展方向，确定自己未来的发展目标，进行正确的职业生涯设计，然后制订出恰当的行动计划，认真执行，并且不断做出评估与反馈。在校期间不间断地完善和补充，使自己按社会的需求来发展，自身潜力与将来发展能够同频共振。职业生涯规划对所有人来说都很重要，对个人的成就会产生重要影响。

也许大家觉得职业生涯规划和就业率之间没有关系，而更多的是和正确的选择职业有关系。是否是这样呢？我们先来看一个案例。

【案例 4】小王是计算机专业学生。开始他想做一个软件工程师，因为这和他的专业更贴近。但是他从报纸上看到，说软件工程师是一个青春职业，和年龄有很大关系，35 岁以后软件工程师就面临着被淘汰的可能性，工作会不太稳定。于是他想去卖包子，他认为他家楼下卖包子的生意很稳定。后来因为家里的反对，放弃了这个想法。于是决定去公司应聘了。首先想到的是去做销售，因为他看到很多公司高层领导都从销售开始做的。但是求职销售没有成功，他又回到 IT 业，想做 IT 培训老师，但是还是没有成功。他找了很多工作，做了很多选择，但都没有成功，变得非常失望、焦虑，他觉得自己的能力不被社会所接受。人碰到焦虑的时候会去排解这种情绪，于是他去上网、玩游戏，这样可以暂时降低焦虑的情绪。毕业的时候为了逃避就业的压力，他决定考研，成为高校中的考研一族。

【案例思考】小王的问题在哪里呢?

大学生首先要认识到职业生涯规划的重要意义，职业生涯活动将伴随我们的大半生，拥有成功的职业生涯才能实现完美人生。因此，职业生涯规划具有特别重要的意义。

第一，职业生涯规划可以发掘自我潜能，增强个人实力。一份行之有效的职业生涯规划将会：

1）引导你正确认识自身的个性特质、现有与潜在的资源优势，帮助你重新对自己的价值进行定位并使其持续增值。

2）引导你对自己的综合优势与劣势进行对比分析。

3）使你树立明确的职业发展目标与职业理想。

4）引导你评估个人目标与现实之间的差距。

5）引导你搜索或发现有潜力的职业机会。

6）使你学会运用科学的方法并采取可行的步骤与措施，不断增强职业竞争力，实现自己的职业目标与理想。

第二，职业生涯规划可以增强发展的目的性与计划性，提升成功的机会。大学生的职业生涯发展要有计划、有目的，不可盲目地“撞大运”，很多时候我们的职业生涯受挫就是由于生涯规划没有做好。好的计划是成功的开始，古语讲，“凡事预则立，不预则废”就是这个道理。

第三，职业生涯规划可以提升应对竞争的能力。当今社会处在变革的时代，到处充满着激烈的竞争。要想在激烈的竞争中脱颖而出并立于不败之地，必须设计好自己的职业生涯规划。这样才能做到心中有数，不打无准备之仗。

1.3.3 大学生职业生涯规划的主要方法

如何做好个人的发展规划，在业界有各种不同的方法。对于大学生而言，以下的五步规划法是一种比较合适的职业生涯规划方法。

1. 分析自己的性格

每个人的性格都是不同的。有的人性格外向，善于言谈，人际关系能力强，喜欢在公众面前发表自己的言论；有的人则性格内向，忠厚老实，喜欢独立地去思考问题；有的人对事情执着，遇到挫折不气馁；有的人则脆弱，容易被失败击垮；有的人喜欢挑战性的工作，压力越大斗志越旺盛；有的人则喜欢安定平稳的生活，不能忍受过大的压力。任何事情都具有双面性，有好就有坏。热情、善谈会让人感觉稳重不足；忠厚脾气好，容易变成没有主见。先要分析自己的性格，看看自己性格中的长处、短处，如果是热情、善谈、喜欢有挑战的人，相对来说比较适合做营销、公关等工作；如果自己内向、认真，可能适合做财会工作。准确分析自己的性格，一方面便于找到适合自己的岗位，另一方面可以提醒自己在工作中注意克服性格的不足。

2. 分析自己掌握的知识、技能

每个人都有自己擅长的知识、技能。有的人喜文，有的人喜理；有的人动手能力强，有的人操作能力弱；有的人思想跳跃跨度大，有的人逻辑思维能力强……分析自己学习过和掌握的知识技能，罗列出哪些是自己精通的，哪些是自己熟悉的，哪些是自己的弱项。然后再分析自己所从事的工作，胜任岗位要求需要具备哪方面的知识和技能，结合自己的实际，确认自己和岗位相吻合的条件，以及不足之处。对于自己的欠缺，就可以通过学习班来提高。只有做到上述这些方面，才能让自己在工作中立于不败之地。

3. 分析自己掌握的或能够调配的资源

这里的资源不但包括金钱，还包括自己在社会上的人脉。俗话说：“有多大的能力，就办多大的事”，也就是说，要尽可能去做力所能及的事情。我们都知道如果要开办公司，就要有一定的资金，最少要保证在起步阶段能维持公司的运营。同样的道理，如果从事一项工作，碰到自己不擅长的事情，就要想自己能够调动的资源，从同学、朋友、亲戚中取经，掌握问题的关键点，尽量少走弯路。

4. 确认自己的发展目标

【案例 5】 大学生 A 和 B 比较相似，在学校的表现都属于优良的水平，毕业以后，分别进入了不同的单位工作。三年之后，两个人的命运却产生了差异，A 已经成为公司的骨干，担任部门的主管，每月的收入也在 5000 元之上；B 还是公司的一般职员，收入只有 2500 元，正准备寻找机会跳槽。在这三年期间，两个人都跳过槽，都换过几家公司，可是最后的结果却大相径庭。A 毕业后进入一家卖电器的店做销售代理，工作中勤学好问，很快掌握了销售技巧，成为卖场一名不错的销售员；一年之后，跳槽到规模更大的电器连锁店做组长；第三年，跳槽到国内知名的电器销售连锁店做部门的主管。B 毕业后进了一家卖电讯器材的公司做销售员；一年后跳槽到一家网络公司做网管；第三年，换工作进了一家生产企业做办公室的文员。认真分析两个人的经历，可以发现 A 一直在自己熟悉的电器销售行业工作，期间跳槽也是为了有更好的位置，B 却没有找准自己的发展方向，在不同的行业跳来跳去，最后还是只能从事基层岗位的工作。

【案例分析】 同样是跳槽，有些人就糊里糊涂地跳，没有认真分析过自己，没有做好个人的发展规划，职业生涯一直都没有发展；相反，经过认真的职业规划后再跳槽，情况完全不一样。跳槽并非不可以，但是跳槽一定是根据自身的职业生涯规划有计划、有目的、有选择地进行。

因此，职业生涯规划中确认个人的发展目标是非常重要的步骤。围绕这个目标，有目的、有选择地跳槽，这样才能让自己更快地接近或实现目标。如果没有确认自己的目标，盲目地跳槽，特别是频繁更换行业是最不可取的，因为当今社会，工作经验和行业优势已经成为获取成功的必不可少的条件之一，所以确认个人的发展目标尤为重要。

5. 坚持才有可能成功

在根据以上四条制定了个人职业生涯规划后，就要坚定不移地走下去。这个世上没有不劳而获的事情，任何人的成功都不是偶然的，有了很长时间的积累，具备了一定的实力才能成功。任何人的成功都不是偶然的，必定经历过落魄、艰辛等漫长的过程，只是时间不同。坚持之后，成功才会成为必然。只有通过多年的付出、执着的努力，才有可能成就职业理想。所以，一定要认准自己的目标，坚持不懈地走下去，不管遇到什么挫折都不要放弃。同时坚持边工作边学习，只有这样成功才会属于你。

1.3.4 大学生职业生涯规划的具体流程

大学生要做好职业生涯规划就必须按照职业生涯设计的流程认真做好每个环节。一份完整的职业生涯设计书概括起来主要有以下几个方面。

1. 自我评价

也就是要全面了解自己。一个有效的职业生涯设计必须是在充分且正确认识自身条件与相关环境的基础上进行。要审视自己、认识自己、了解自己，做好自我评估，包括自己的兴趣、特长、性格、学识、技能、智商、情商、思维方式等。要弄清我想干什么，我能干什么，我应该干什么，在众多的职业面前我会选择什么等问题。

2. 确立目标

确立目标是制定职业生涯规划的关键，通常目标有短期目标、中期目标、长期目标和人生目标之分。长期目标需要个人经过长期艰苦努力、不懈奋斗才有可能实现，确立长期目标时要立足现实、慎重选择、全面考虑，使之既有现实性又有前瞻性。短期目标更具体，对人的影响也更直接，也是长期目标的组成部分。

3. 环境评价

职业生涯规划还要充分认识与了解相关的环境，评估环境因素对自己职业生涯发展的影响，分析环境条件的特点、发展变化情况，把握环境因素的优势与限制。了解本专业、本行业的地位、形势以及发展趋势。

4. 职业定位

职业定位就是要为职业目标与自己的潜能以及主客观条件谋求最佳匹配。良好的职业定位是以自己的最佳才能、最优性格、最大兴趣、最有利的环境等信息为依据的。职业定位过程中要考虑性格与职业的匹配、兴趣与职业的匹配、特长与职业的匹配、专业与职业的匹配等。

职业定位应注意以下几点：

1）依据客观现实，考虑个人与社会、单位的关系。

2）比较鉴别，比较职业的条件、要求、性质与自身条件的匹配情况，选择条件更合适、更符合自己特长、更感兴趣、经过努力能很快胜任、有发展前途的职业。

3）扬长避短，看主要方面，不要追求十全十美的职业。

4）审时度势，及时调整，要根据情况的变化及时调整择业目标，不能固执己见，一成不变。

5. 实施策略

就是要制定实现职业生涯目标的行动方案，要有具体的行为措施来保证。没有行动，职业目标只能是一种梦想。要制定周详的行动方案，更要注意去落实这一行动方案。

6. 评估与反馈

整个职业生涯规划要在实施中去检验，看效果如何，及时诊断生涯规划各个环节出现的问题，找出相应对策，对规划进行调整与完善。

由此可以看出，整个规划书中正确的自我评价是最基础、最核心的环节，这一环节做不好或出现偏差，就会导致整个职业生涯规划出现问题。

【案例 6】 以下是一份某大学在校学生的职业生涯规划书。该规划书分前言、自我分析、确定职业生涯目标、成功标准和结束语五个部分。其中确定职业生涯目标中分大学期间目标规划和毕业后职业生涯规划两个部分进行，尤其是毕业后职业生涯规划分成两个五年计划。规划书整体目标明确，层次清晰，措施具体，指标量化，是一份具有很强实践性的职业生涯规划书，有较强的借鉴意义。

我的职业生涯规划书

1. 前言

从我们呱呱坠地就开始了我们人生的旅程。人生的曲折与坎坷铸就了我们对生活的百折不挠，也磨炼了我们坚韧不拔的毅力。人们常说："人无远虑，必有近忧。"如何使我们的人生显得更有价值，体现生命的意义？我想拟定一份职业生涯规划书是我们不可或缺的基础石料。未来，掌握在自己手中。

花开花又落，春去春又回。踏着时光车轮，我已走过 20 个春秋，驻足观望，电子网络铺天盖地，知识信息飞速发展，科技浪潮源源不绝，人才竞争日益激烈，不禁感叹，这世界变化好快。身处信息世界，作为一名当代大学生，我不由得考虑起自己的未来。在机遇与挑战粉墨登场的未来社会里，我究竟该如何扮演一个角色呢？于是，经过一番深思熟虑之后，我决定把自己的未来设计一下。有了目标，才会有动力。

为了给自己做好这份大学生职业生涯规划书，我认真分析了自己的兴趣、特长、性格、学识、技能等各个方面，另外利用网上的职业测评软件认真地做了测评，并得到较为可信的测评报告。本规划书就是依据测评报告结果并结合自己的个人分析做出的。

2. 自我分析

（1）认识自己的职业性格

我是一个热情、活泼的女孩，自信而不张扬，正直而不呆板。对待学习态度端正，对待工作兢兢业业，在自己人际交往的圈子中，我努力用真诚对待每一个人，只是有时心直口快，难免忽略别人的感受。我乐于交友，希望能从朋友身上学到自己所没有的优点。坚强的毅力是我的特征，虽有些倔强，但是如果认为自己实在没能力完成任务，我会适时放弃。因为我觉得适时地放弃也算是人生中的大智慧。做事毛躁是我的大缺点，缺乏细心度，容易冲动，做事雷厉风行从不拖泥带水，但有时欠缺考虑。

我是一个完美主义者，只要是自己做的事总希望能够办得十全十美，尽管我知道这是不可能的，但我会朝那个方向靠拢。

（2）自己的兴趣爱好

总的来说我的兴趣爱好还算比较广泛，喜欢交友、唱歌、绘画、棋艺、球类运动等。我擅长发表自己的想法，说出自己的意见与看法，并希望自己能够得到别人的认可。工作与学习当中，我会给自己创造劳逸结合的条件，使自己办事效率更高。我爱看散文与诗篇，偶尔也写写心情散文，喜欢与别人谈心，帮他们解决问题。

（3）自己的职业能力

从某方面来说我的感性能力与理性能力均等，逻辑思维能力较强，语言表达能力处于中上水平，学习语言的能力较强，如果时间投入度还可以的话，相信会有不错的成果。

（4）自我潜能

1）我的个人能力：由于参加了一些社团工作，我发现我的社交能力与组织领导能力均有所提高，也具有一定的吃苦能力。

2）我的相关经历：高中时的我曾担任过团支书、班长，也进过学生会，在工作能力和胆识方面还是比较有基础的。

3）个人品质：在个人品质方面，我拥有中国人最传统的道德底线与指标，具有不屈不挠的品质，思想单纯而又朴实。

4）人生格言：知识改变命运。

综上所述，只要我选择了适合自己的，我就会是最好的。我明白我不能决定生命的长度，但我可以控制它的宽度；我不能左右天气，但我可以改变心情；我不能预知明天，但我可以利用今天；我不能样样顺利，但我可以事事努力。

3. 确定职业生涯目标

通过前面的自我评估，我认为自己是外向型的人。“说话”是我的爱好，也是我的优点，在以后的学习与生活中，我相信我会在经历一次次历练之后，我会不断地提高自己，尽最大的努力储备知识。因为机会通常只有几秒钟，只属于那些有准备的头脑，所以我要规划我的人生。

（1）大学期间的目标规划

通过大学的学习，努力学好自身专业知识，掌握必要生产、经营管理技能。积极参加社会实践，增强自己的社会实践经验。在寒暑假期间参加短期社会工作，至少赚够自己的生活所需。积累自己的人脉，进一步提高自己的交往能力、团队合作能力、企业领导能力。具体如下：

1）思想政治及道德素质方面。

树立正确的人生观、价值观、道德观、奋斗观、创业观，坚持正确的人生价值取向。积极参加党团活动，争取早日加入中国共产党。

2）社会实践与志愿服务方面。

适时参加社会调查活动。适时参加安全义务献血、植树活动、青年志愿服务活动等公益事业。

3）科技学术创新创业方面。

扎实学习专业技能，同时，充分利用校内图书馆、校外图书城及网络信息，开阔视野，扩展知识范围，以此，激发、开拓思路，尝试设计开展学术创新、科技创新。

4）文体艺术、社团活动与身心发展方面。

积极参加校内外文体艺术活动、校内社团活动、演讲赛、辩论赛、书画比赛、棋艺比赛等，以此充分锻炼胆量、能力，展示个人风采。积极参加身体锻炼，每周平均锻炼四次，每次半小时左右。

5）技能培训方面。

本学期（即大二下半学期）力争通过英语四级考试和普通话等级考试，大三第一学期力争通过英语六级考试和全国计算机二级考试，大三第二学期力争通过教师资格证考试。

6）学业方面。

平时，无特殊情况不迟到、请假，更不准旷课，保证好学习听讲时间及学习质量。除去上课时间，应充分利用课余时间。除去必要的身体锻炼、娱乐活动及休闲时间外，应安心、踏实、专注地攻读专业书籍及其他实用书籍。学习时应注意预习、听讲、复习、综合分析对比联系，以及所用时间比例。知识积累不仅应做到广、博，更应做到专、精，力争毕业时获得优秀毕业生称号。

（2）毕业后的职业生涯规划

1）在社会实践中进一步深造，做一名有益于社会的技能管理复合型人才。在掌握了本专业相关的知识技能后，最重要的是与实践相结合。在良好的社会实践中深造，对个人和社会都是有益的。根据××专业的针对性，在相关的企业从事产品营销或企业管理等实践工作。

2011～2016年五年规划

这五年主要是积累自己的工作经验、领导能力、资金储备。

职务目标：从企业的一般职员到企业部门经理（理想是外资或合资企业）。

能力目标：熟练处理本职务工作，工作业绩在同级同事中居于突出地位；熟悉外资企业运作机制及企业文化，能与公司上层进行无阻碍的沟通。锻炼自己的领导能力。

经济目标：五年年薪平均5万元以上。

在拥有学历及丰富经验的同时，充分发挥本专业优势，成为同行中佼佼者。在不断地努力和探索中，在理论与社会实践良好地相结合，要求个人能尽可能地发挥个人潜力。在熟悉了××专业有关的方针、政策及法规的同时，了解本学科理论前沿与发展动态，根据市场调查结果，给自己做一个全方位的定位，以确定自己专业的价值所在。

2）2016年以后规划。

职务目标：创业。

能力目标：形成自己的管理理念，有很高的演讲水平，具备组织、领导一个团队的能力；与相关公司决策层有一定的沟通；具备应付突发事件的心理素质和能力；有广泛的社交范围，在业界有一定的知名度。

经济目标：年薪10万元以上。

4. 成功标准

我的成功标准：一个人树立了积极向上的目标，经过了努力奋斗，有了正面的收获，就是成功。每个阶段中只要自己尽心尽力，能力也得到了发挥，都会使自我提高，即使目标没有实现我也不会觉得失败，至少自己努力过、尽力过、拼搏过，我不会给自己后悔的理由。

成功之路有许多条，成功的定义也有许多种，只要在理想的指引下，真正做了自己想做的事，真正实现了自己的人生价值，就是一种成功，就应该为此感到自豪和快乐。

5. 结束语

身为大学生的我们，应该珍惜这来之不易的学习机会。并不是每一人都可以在大学殿堂里度过自己人生中美好的日子。人的大学时光一生中只有一次，不把握好，将来自己一定后悔莫及。有了目标，才会有动力。这份大学生职业生涯规划书就是给了我一个明确的学习目标和职业生涯规划。我将会按照上面所写，完成好我的学习任务和工作任务，使自己的一生过得更有意义。

这就是我对自己的规划，有计划固然是好事，但要做到并不是一件简单的事，不过只要努力就会有成绩。然而，现实又是多变的，计划中要有变化，我们要保持清醒的头脑，解决好随时遇到的问题。每个人都有自己的理想，理想的实现还是要靠自己的，不管你的理想有多美好，没有辛勤的汗水都是不可能实现的。天下没有免费的午餐，一个人要想有所作为，必须拿出勇气，付出努力、拼搏、奋斗。成功，不相信眼泪；成功，不相信颓废；成功不相信幻影，未来，要靠自己去打拼！

1.4 习题

1. 实践题

根据以上的职业生涯规划书案例，结合课堂自测的结果，运用职业生涯规划主要方法对自己进行分析，制定一份你自己的职业生涯规划书，并讨论论证其可行性。

2. 案例思考题

罗斯，2000 年毕业，文科专业大专生，在校任学生干部。毕业后的罗斯就业很顺利，在一家大型集团企业下属的商贸公司工作。在综合办公室、售后服务中心、连锁加盟中心等部门实习后，罗斯被派到采购管理中心任文秘一职。她的第二份工作换到现在生活的城市，在一家大型电器集团总部的行政中心做秘书工作，后来转到集团办公室工作。因为对薪水感到不满，对自己的发展方向也觉得不太确定，罗斯选择了离开。

接下来的半年是罗斯职业生涯的一个断层，她选择了考研，方向是行政管理，期望通过这种方式给自己更大的选择机会，但没有成功。现在，罗斯在一家现代进口医疗器械的公司做办事处的销售助理，工作算是得心应手，但她感觉没有提升空间。罗斯常常陷入迷茫状态：觉得自己应该有更好的前途，可是方向在哪里？适合自己的工作岗位是什么？

请问罗斯为什么会陷入这样的迷茫状态？如果她有错，错在哪里？她应该做怎样的调整？

3. 案例思考题：大学生职业生涯规划常见误区

不少应届大学毕业生不是首先坐下来做好自己的职业生涯规划，而是拿着简历与求职书去碰运气，希望找到好工作。结果是浪费了大量的时间、精力与资金，到头来感叹没有遇到伯乐，叹息自己是英雄无用武之地。这部分大学毕业生没有充分认识到职业生涯规划的意义与重要性，认为找到理想的工作的是学识、业绩、耐心、关系、口才等条件，认为职业生涯规划纯属纸上谈兵，简直是耽误时间，有那时间还不如多跑两家招聘单位。以下是通过历年来对大学生的问卷调查及访谈中总结的几种具有一定代表性的心理误区：

1）大一就考虑职业生涯规划太早了。

2）等找到工作后再规划，否则是空想。

3）这个工作显然不适合我，换一个再说。

4）规划不规划都一样。

5）他的运气总是比我好。

6）写职业规划书有什么用啊？不如包装一下简历更有用！

思考：以上是几种大学生中对待职业生涯规划问题常见的误区。实际上未雨绸缪，先做好职业生涯规划，磨刀不误砍柴工，有了清晰的认识与明确的目标之后再把求职活动付诸实践，这样的效果要好得多，也更经济、更科学。请对照自身进行分析，看看是否也存在同样想法？通过学习，又是否有所改变？

第2章 职业道德

2.1 职业道德概述

课堂活动设计——职业道德的重要性。

【活动目标】

1）使学生认识到职业道德的内涵和重要性。

2）使学生能够理解职业道德与自身职业发展的关系。

【活动流程】

1）学生对课堂案例进行分组学习与讨论。

2）让学生对案例思考题进行分析讨论，各组派代表进行交流发言。

【案例1】 自己建造的房子。

有个老木匠一辈子吃苦耐劳，勤勤恳恳，凡是经过他的手出来的活儿，质量一定是最好的，是公认的“金牌工匠”，深得大家的尊重。到了规定的退休年龄，他去向老板告别，准备退休，要回家与妻子、儿女享受天伦之乐。老板舍不得他走，问他是否能帮忙再建一座房子，老木匠虽然有些迟疑但还是答应了。但是大家都看得出来，老木匠的心已不在工作上，他用的是软料，出的是粗活。房子建好的时候，老板把大门的钥匙递给他。“这是你的房子，”他说，“我送给你的礼物。”老木匠惊得目瞪口呆，羞愧得无地自容。如果他早知道是在给自己建房子，他怎么会这样呢？更让他难过的是，认真负责地干了一辈子，却在最后一件工作任务中把自己的脸丢尽了。现在他还得住在一幢粗制滥造的房子里度过晚年。

【案例思考】 请问老木匠为什么会这样做？又为何会落得这样的结局？他最后没能守住的是什么？

2.1.1 职业道德的产生和发展

职业道德是随着社会分工的发展，并出现相对固定的职业集团时产生的。人们的职业生活实践是职业道德产生的基础。在原始社会末期，由于生产和交换的发展，出现了农业、手工业、畜牧业等职业分工，职业道德开始萌芽。进入阶级社会以后,又出现了商业、政治、军事、教育、医疗等职业分工。在一定社会经济关系的基础上，这些特定的职业分工不但要求人们具备特定的知识和技能，而且要求人们具备特定的道德观念、情感和品质。各种职业集团，为了维护职业利益和信誉，适应社会的需要，从而在职业实践中根据一般社会道德的基本要求逐渐形成了职业道德规范。在古代文献中，早有关于职业道德规范的记载。例如，公元前 6 世纪的中国古代兵书《孙子兵法·计》中，就有“将者，智、信、仁、勇、严也”的记载。“智、信、仁、勇、严”这五德被中国古代兵家称为“将之德”。清代名臣于成龙提出的官吏道德修养的六条标准，被称为《示亲民官自省六戒》，其内容有“勤抚恤、慎刑法、绝贿赂、杜私派、严征收、崇节俭”。中国古代的医生，在长期的医疗实践中形成了优良的医德传统，“疾小不可云大，事易不可云难，贫富用心皆一，贵贱使药无别”是医界长期流传的医德格言。公元前 5 世纪古希腊的《希波克拉底誓言》是西方最早的医界职业道德文献。

社会职业道德是受该社会的分工状况和经济制度所决定和制约的。在封建社会，自给自足的自然经济和封建等级制不仅限制了职业之间的交往，而且阻碍了职业道德的发展。只是在某些工业、商业的行会条规以及从事医疗、教育、政治、军事等业的著名人物的言行和著作中包含有职业道德的内容。在这样社会的行业中，也出现过具有高超技艺和高尚品德的人物，他们的职业道德行为和品质受到广大群众的称颂，并世代相袭，逐渐形成优良的职业道德传统。

资本主义商品经济的发展促进了社会分工的扩大，职业和行业也日益增多、复杂。各种职业集团为了增强竞争能力、增值利润，纷纷提倡职业道德，以提高职业信誉。在许多国家和地区还成立了职业协会，制定协会章程，规定职业宗旨和职业道德规范，从而促进了职业道德的普及和发展。在资本主义社会，不但先前已有的将德、官德、医德、师德等进一步丰富和完善，而且出现了许多以往社会中所没有的道德，如企业道德、商业道德、律师道德、科学道德、编辑道德、作家道德、画家道德、体育道德等。

社会主义的职业道德是适应社会主义物质文明和精神文明建设的需要，在共产主义道德原则的指导下，在批判地继承了历史上优秀的职业道德传统的基础上发展起来的。中国各行各业制定的职业公约，如商业和其他服务行业的“服务公约”、科技工作者的“科学道德规范”以及工厂企业的“职工条例”中的一些规定，都属于社会主义职业道德的内容，它们在职业生活中已经发挥了巨大的作用。

2.1.2 职业道德的主要内容

职业道德主要包括以下几方面的内容：忠于职守，乐于奉献；实事求是，不弄虚作假；依法行事，严守秘密；公正透明，服务社会等。

1．忠于职守，乐于奉献

忠于敬守是从业人员应该具备的一种崇高精神，是做到求真务实、优质服务、勤奋奉献的前提和基础。从业人员，首先要安心工作、热爱工作、献身所从事的行业，把自己远大的理想和追求落到工作实处，在平凡的工作岗位上做出非凡的贡献。从业人员有了忠于敬守的精神，才能在实际工作中积极进取，忘我工作，对工作认真负责。

乐于奉献是从业人员的职业道德的内在要求。随着市场经济市场的发展，对从业人员的职业观念、态度、技能、纪律和作风都提出了新的、更高的要求。

职业是认识和管理社会的基础性工作。没有无私奉献的道德品质，没有“不唯上、不唯书、只为实”的求实精神，是很难出色地完成工作任务的。为此，广大从业人员要有高度的责任感，热爱工作，献身事业，树立崇高的职业荣誉感。要克服任务繁重、条件艰苦、生活清苦等困难，勤勤恳恳，任劳任怨，甘于寂寞，乐于奉献。

2．实事求是，不弄虚作假

实事求是、不弄虚作假是思想路线和认识路线的问题，也是一个道德问题，而且是职业道德的核心。求，就是去研究；是，就是客观事物的内部联系，即规律性。为此，我们必须办实事，求实效，坚决反对和制止工作上弄虚作假。这就需要有心底无私的职业良心和无私无畏的职业作风与职业态度。如果夹杂着个人私心杂念，为了满足自己的私利或迎合某些人的私欲需要，弄虚作假、虚报浮夸就在所难免，也就会背离实事求是原则这一最根本的职业道德。

作为一个工作者，必须有对国家对人民高度的负责的精神，把实事求是作为履行责任和义务的最基本的道德要求，坚持不唯书，不唯上，只唯实。从业人员要特别注意调查研究，经过去粗取精、去伪存真、由表及里、由此及彼的分析，按照事物本来面貌如实反映，有一说一，有忧报忧，不随波逐流，不看眼色行事。

3．依法行事，严守秘密

坚持依法行事和以德行事“两手抓”。一方面，要大力推进国家法治建设的有利时机，进一步加大执法力度，严厉打击各种违法乱纪的现象，依靠法律的强制力量消除腐败滋生的土壤。另一方面，要通过劝导和教育，启迪人们的良知，提高人们的道德自觉性，把职业道德渗透到工作的各个环节，融于工作的全过程，增强人们以德行事的意识，从根本上消除腐败现象。

严守秘密是衡量职业道德必需的重要准则。要保守国家、企业的秘密。

4．公正透明，服务社会

优质服务是职业道德所追求的最终目标，优质服务是职业生命力的延伸。

【案例2】 良好的职业修养是每一个优秀员工必备的素质，良好的职业道德是每一个员工都必须具备的基本品质，这两点是企业对员工最基本的规范和要求，同时也是每个员工担负起自己的工作责任必备的素质。那么，具备了怎样的职业习惯才能体现出良好的职业修养和职业道德呢？

每个人平时都有习惯，但不一定是职业习惯，更不一定是符合要求的职业习惯。那么，哪些才是符合要求的职业习惯呢？

提早到公司。每天提前到公司可以在上班之前准备好完成工作必需的工作条件，调整好需要的工作状态，保证准时开始一天的工作，才叫不迟到。

主动搞好清洁卫生。做好清洁卫生，可以保证一天整洁有序的工作环境，同时也利于保持良好的工作心情。

事事都写工作计划。提前做好工作计划，有利于有条不紊地开展工作。每天凡事都应该写计划。

每次开会都写开会记录。

主动向上级汇报工作，不仅有利于工作任务的完成，也可以在上级的指示中学习到更多工作经验和技能，让自己得到提升。

每周写一次工作总结。及时总结每天、每周等阶段性工作中的得与失，可以及时调整自己的工作习惯，总结工作经验，不断完善工作技能。

【案例分析】 职业习惯是一个职场人士根据工作需要，为了很好地完成工作任务，主动或被动地在工作过程中养成的工作习惯，也是保证工作任务和工作质量必须具备的品质。良好的职业习惯，是出色完成工作任务的必要前提。每一个人都需要一个良好的职业习惯。

【案例思考】 你觉得以上哪些是良好的职业习惯？哪些是你不能认同的？你觉得好的职业习惯还有哪些？

2.1.3 职业道德的主要特征

职业道德是一种职业规范，受社会普遍的认可，是长期以来自然形成的，没有确定形式，通常体现为观念、习惯、信念等。职业道德依靠文化、内心信念和习惯，是对员工义务的要求，通过员工的自律实现，大多没有实质的约束力和强制力。职业道德标准多元化，代表了不同企业可能具有的不同价值观。职业道德承载着企业文化和凝聚力，影响深远。职业道德的主要特征归纳如下。

1. 职业道德具有适用范围的有限性

每种职业都担负着一种特定的职业责任和职业义务。由于各种职业的职业责任和义务不同，从而形成各自特定的职业道德的具体规范。

2. 职业道德具有发展的历史继承性

由于职业具有不断发展和世代延续的特征，不仅其技术世代延续，其管理员工的方法、与服务对象打交道的方法，也有一定历史继承性。如“有教无类”“学而不厌，诲人不倦”，从古至今始终是教师的职业道德。在长期实践过程中形成的，会被作为经验和传统继承下来。即使在不同的社会经济发展阶段，同样一种职业因服务对象、服务手段、职业利益、职业责任和义务相对稳定，职业行为的道德要求的核心内容将被继承和发扬，从而形成了被不同社会发展阶段普遍认同的职业道德规范。

3. 职业道德表达形式多种多样

由于各种职业道德的要求都较为具体、细致，因此其表达形式多种多样。

4. 职业道德兼有严肃的纪律性

纪律也是一种行为规范，但它是介于法律和道德之间的一种特殊的规范。它既要求人们能自觉遵守，又带有一定的强制性。就前者而言，它具有道德色彩；就后者而言，又带有一定的法律的色彩。一方面，遵守纪律是一种美德，另一方面，遵守纪律又带有强制性，具有法令的要求。例如，工人必须执行操作规程和安全规定；军人要有严明的纪律等。因此，职业道德有时以制度、章程、条例的形式表达，让从业人员认识到职业道德又具有纪律的规范性。

5. 职业道德具有鲜明的职业性

职业道德的内容与职业实践活动紧密相连，反映着特定职业活动对从业人员行为的道德要求。每一种职业道德都只能规范本行业从业人员的职业行为，在特定的职业范围内发挥作用。

6. 职业道德具有强烈的实践性

职业行为过程，就是职业实践过程。只有在实践过程中，才能体现出职业道德的水准。职业道德的作用是调整职业关系，对从业人员职业活动的具体行为进行规范，解决现实生活中的具体道德冲突。

2.1.4 职业道德的作用

职业道德是社会道德体系的重要组成部分，它一方面具有社会道德的一般作用，另一方面它又具有自身的特殊作用，具体表现在：

1．调节职业交往中从业人员内部以及从业人员与服务对象间的关系

职业道德的基本职能是调节职能。它一方面可以调节从业人员内部的关系，即运用职业道德规范约束职业内部人员的行为，促进职业内部人员的团结与合作。如职业道德规范要求各行各业的从业人员，都要团结、互助、爱岗、敬业，齐心协力地为发展本行业、本职业服务。另一方面，职业道德又可以调节从业人员和服务对象之间的关系。如职业道德规定了制造产品的工人要怎样对用户负责、营销人员怎样对顾客负责、医生怎样对病人负责、教师怎样对学生负责等。

2．有助于维护和提高本行业的信誉

一个行业、一个企业的信誉，也就是它们的形象、信用和声誉，是指企业及其产品与服务在社会公众中的信任程度。提高企业的信誉主要靠产品的质量和服务质量，而从业人员职业道德水平高是产品质量和服务质量的有效保证。若从业人员职业道德水平不高，很难生产出优质的产品和提供优质的服务。

3．促进本行业的发展

行业、企业的发展有赖于高的经济效益，而高的经济效益源于高的员工素质。员工素质主要包含知识、能力、责任心三个方面，其中责任心是最重要的。而职业道德水平高的从业人员其责任心是极强的。因此，职业道德能促进本行业的发展。

4．有助于提高全社会的道德水平

职业道德是整个社会道德的主要内容。职业道德一方面涉及每个从业者如何对待职业、如何对待工作，同时也是一个从业人员的生活态度、价值观念的表现，是一个人的道德意识、道德行为发展的成熟阶段，具有较强的稳定性和连续性；另一方面，职业道德也是一个职业集体，甚至一个行业全体人员的行为表现，如果每个行业、每个职业集体都具备优良的道德，对整个社会道德水平的提高肯定会发挥重要作用。

2.2 大学生的职业道德培养

课堂活动设计——你怎么看待职业道德?大学生应如何培养职业道德呢？

【活动目标】

1）使学生认识到培养职业道德的重要意义。

2）让学生正确理解职业道德与自己职业生涯的密切联系。

【活动流程】

1）学生对课堂案例进行分组学习与讨论。

2）让学生分析并体会职业道德与成功的关系，各组派代表进行交流发言。

父母们都望子成龙，希望孩子将来能够成为成功人士。因此，有些父母特别看重孩子的成绩，经常对孩子说："现在我们什么都不用你干，只要你把学习学好了，将来你就一定会成功。"还有的父母，在孩子还是幼儿时就特别关注孩子的智商，不停地给孩子测智商。智商高的沾沾自喜，智商低的垂头丧气。

那么，决定人生成败的到底是什么呢？看看下面的几个故事，也许您会对这个问题有更深入的思考。

【案例 3】 诺贝尔与他的同学柏济

在读小学的时候，诺贝尔成绩一直在班里名列第二名，第一名是一个叫柏济的同学。有一次，柏济生病请了长假。这时班里的一些人都替诺贝尔高兴，认为现在没有人可以和诺贝尔竞争了。但诺贝尔却不这样，他没有沾沾自喜，而是每天认真记录老师的讲课内容，放学以后把讲课笔记送给无法上学的柏济。到了期末，柏济病好了，来学校里参加了期末考试。结果，柏济依然是班里的第一名，诺贝尔仍旧名列第二。对此，同学们都议论诺贝尔太傻了，而诺贝尔却对这个结果非常高兴。他和柏济成了好朋友。长大之后，诺贝尔成了一位著名的科学家，发明了火药。但这种在小学时就养成的良好品质一直影响着他，在成功之后，他也不忘记帮助他人，和他人分享自己的成就。当他死时，他将全部财产全部捐出，设立了著名的诺贝尔奖，每年用这个基金的利息奖励在国际上对物理、化学、生理或医学、文学和和平等做出重要贡献的人。

【案例 4】 艾伦 · G.马克迪尔米德教授和孔融

2000 年，美国艾伦 · G.马克迪尔米德教授获得了诺贝尔化学奖。当记者访问这位 74 岁的老人，请他谈谈为人类所做贡献的感想时，他深情地说："我之所以能立志为人类做贡献，要感谢幼儿园的老师"。记者们目瞪口呆！他继续说："因为幼儿园的老师教会了我分一半东西给小朋友的习惯"。在我国古代也有"孔融让梨"的故事。幼小的孔融主动地把大的、更好的梨让给兄弟姐妹们吃，而自己吃小的。孔融的行为得到家中长辈们的表扬。后来这个孩子成为我国汉代有名的经学家和有修养的人。

【案例分析】 这些故事告诉了我们相同的道理，那就是合作、分享的重要意义。因为学会了合作与分享，诺贝尔为人类做出了巨大贡献；因为学会了合作与分享，艾伦 · G.马克迪尔米德教授获得了诺贝尔奖。在成功的人生路上，他们都得益于这一良好品质。这些故事还告诉我们，一个人小的时候养成懂得分享与合作，与后来的成长、成就有很大关系。因此，从小培养高尚的道德，成年后形成良好的职业道德，这些都是确保成功的关键因素。

社会主义经济建设以来，人们最大化地追求经济的发展，生活水平不断提高，却忽视了道德品质的培养，导致了整个社会道德水平的下降。而职业道德是劳动者在职业活动过程中应遵循的、特定的职业思想和行为准则，是正确处理职业内部、职业之间、职业与社会之间、人与人之间关系时应遵循的行为规范，是社会一般道德在职业中的具体体现。它不仅关系着个人的名誉和形象，还与公司、企业乃至整个行业的声望和利益密切相关。良好的职业道德会给公司企业带来额外的收益，使受教育者养成良好的职业道德，是职业教育又一重要内容。

目前在高校德育中对大学生职业道德教育是一个相对薄弱的环节，加强当代大学生职业道德教育是适应社会发展需要和大学生自我发展需要的必然要求，同时也是高等教育任务的体现和大学德育改革与发展的一个重要突破口和有力增长点。

2.2.1 大学生培养职业道德的重要性

1. 加强大学生职业道德教育，是高等教育的重要内容

高等教育的根本任务是，对大学生进行专业知识教育，为我国社会主义事业培养德、智、体全面发展的、具有创新精神和实践能力的高级专门人才。大学是学校通向社会的桥梁。高等教育与基础教育最大的区别是，高等教育主要是对学生进行专业知识教育，培养具备一定专业技能的高级人才，为大学生走向社会做准备，故而高等教育从本质上看就是一种职业教育。大学生能否胜任今后从事的工作，不仅要看专业知识和专业技能，还要看工作的态度，看其是否具有高尚的职业道德和端正的职业态度。从这个意义上讲，加强大学生专业知识教育与加强大学生职业道德教育缺一不可，两者互为补充，统一于大学生职业教育之中，贯穿在高等教育的全过程，其中专业知识教育是载体和平台，职业道德教育是灵魂和生命。良好的职业道德教育，有助于大学生树立正确的职业观，预见自己将来所要担任的社会角色，认清自己肩负的使命和社会责任，从而促使大学生自觉投身专业知识学习，用所学知识实现自身社会价值，迅速成长为中国特色社会主义事业的合格建设者和接班人。

2．加强大学生职业道德教育，是社会发展的必然要求

随着经济发展的全球化、知识化、信息化，市场竞争日趋激烈，就业形势日益严峻，社会对人才的要求越来越高。不仅要求从业人员具有较强的职业能力和动手能力，还要求从业人员具有高尚的职业道德、端正的职业态度、严明的职业纪律、严谨的职业作风，成为一个有职业道德之“魂”的高技能人才。大学生是社会主义各项事业的建设者和生力军，是未来社会的中坚力量。唯有进一步加强大学生职业道德教育，培养诚实守信品质和爱岗敬业、团结合作精神，增强责任意识和法纪意识，才能提高大学生的核心竞争力，能利用自己的学识和才智报效国家、服务社会，满足社会对高素质人才的需要。

3．加强大学生职业道德教育，是大学生就业的必备素质

近年来，随着高校扩招及高等教育事业的快速发展，大学应届毕业生数量逐年增加，到2015年达到749万人，大学生就业难问题日趋严重，大学生毕业即失业现象并不鲜见。这直接导致人才竞争愈演愈烈，用人单位对新进人员的要求越来越高，甚至出现千百人争抢一个职位的现象。要在千军万马争抢工作岗位的残酷竞争中脱颖而出，大学生必须努力提升自身综合素质，在刻苦学习科学文化知识、掌握劳动技能技巧的同时，不断加强自身职业道德修养，明确自身未来的社会角色定位，了解自己在未来职业生活的权利和义务，形成正确的就业观和择业观，达到拓宽就业渠道、提高就业成功率的目的。

4．加强大学生职业道德教育，是促进大学生自我发展的需要

大学生不仅要成人，更要成才。不管是成人还是成才，一个重要的前提条件是必须具备良好道德水准和职业精神。相当一部分的当代大学生普遍存在自命不凡、好高骛远的毛病，他们既想追求事业上的成功，又缺乏艰苦创业的精神；既想获得轻松、体面、高收入的工作，又缺乏奉献和牺牲精神。对现实中存在的这些问题，高校应重视和加强大学生职业道德教育，引导大学生将个人发展与单位发展、社会发展有机结合起来，教育他们脚踏实地、艰苦奋斗，正确处理个人与同事、个人与集体、个人与社会的关系，不断适应市场、适应工作、适应社会，在搞好本职工作、奉献社会、服务人民的基础上，努力实现自我价值，促进自我发展。

【案例5】“德商”与智商哪个更重要？

智商是不是确保成功的唯一因素呢？虽然智商可以帮助你获得更好的成绩，但是也有无数的事例证明，决定一个人成功的因素有很多，合作、宽容、坚持、耐心、诚实、责任心等良好的品质，在人的成才路上起到了远远超过智商的作用。

美国一些心理学家曾对伊利诺伊州一所中学 81 位优秀毕业生进行了跟踪研究，这些学生的智商都在 120 以上，考上大学后成绩也是比较高的。然而到近 30 岁时，他们中绝大多数人都没有做出什么成就，表现普普通通，有的甚至远远不如同辈。他们中间只有 1/4 的人，在本行业达到同年龄的最高层。这说明人的智商并不能完全决定成就的大小。

不仅如此，美国新泽西州 AT&T 贝尔实验室的一位经理人对他的职员们进行了分析，他发现，公司里工作绩效最好的人并不是那些智商特别高的人，而是能够关心他人、了解他人情绪、善于控制自己情绪的人。美国创造性研究中心的坎普尔和他的同事们分析了那些“昙花一现的主管人员”后发现，这些人之所以失败，不是因为技术上无能，而是因为他们不会处理人际关系。

可见，智商并不是决定成功的唯一因素。所以，美国《纽约时报》行为科学和脑科学的专栏作家高尔曼曾说：“一个人的成功，20%可以归为智力因素，而 80%受到其他因素的制约。”这便是成功的“二八定律”。

“德商”是对人才的本质需求。“德商”的概念之所以出现，是因为人们认识到了道德的重要意义。一个高智商的人如果没有较高的情商，不会控制自己的情绪，不懂得与他人相处，自然无法成功；一个高智商、高情商的人，如果没有美德，他就不会成为对社会有贡献、对人类有益的人。这样的人，当然不能算是真正的人才，他的人生也一定不是成功的人生。例如那些幼儿园的孩子，如果在他们幼小的心灵里不能及时播撒爱和同情的种子，那么他们长大以后即使很聪明、学习成绩很好，他们会将自己的聪明才智用在帮助他人、为社会做贡献方面吗？如果他们自私自利，甚至利用他们的高智商去做损害他人的事情，那么他们的人生之路将离成功更远。因此，“德商”也从本质上界定了“人才”这一概念。即所谓人才，一定是具有高德商的人。

“德商”一词看起来新鲜，其实我们的老祖宗早就对道德的重要性有过无数论述，如“小胜在智，大胜在德”“道之以德，德者得也”，都是强调道德在一个人走向成功途中的重要意义。还有我们国家提出的培养人才的目标是“德智体全面发展”，也把“德”放在首位。一个成功的商人总结自己多年来的奋斗经历说：“想赢两三个回合，赢三年五年，有点智商就行；要想一辈子赢，没有‘德商’绝对不行。”

同样，在国外也有无数对“德商“的重要论述。例如，作家罗曼·罗兰曾说：“没有伟大的品格，就没有伟大的人，甚至也没有伟大的艺术家、伟大的行动者。”音乐家贝多芬也说过：“把‘德行’教给你们的孩子：使人幸福的是‘德行’而非金钱。这是我的经验之谈。在患难中支持我的是道德，使我不曾自杀的，除了艺术以外也是道德。”韩国前教育部长、首尔大学教育专家文龙鳞教授在他的著作《10 岁之前教会孩子如何做人》中说：“进入信息化时代以后，世界急速变化，每个人在一生中都要不断地学习来进行自我提高。照这样下去，10 年以后，一个人单纯依靠丰富的专业知识是无法在激烈的社会竞争中生存下来的。那么，10 年后，要想让我们的孩子在激烈的竞争中生存下来，我们该为他们做些什么呢？当有人问我这样的问题时，我会毫不犹豫地告诉他们：‘只要培养孩子们的品格和道德能力就可以了。’”他还说：“我们不妨想一下，一个人从一本书上开始人生之旅之后，左右我们生活品质的其实是‘道德’。向父母尽孝、与兄弟团结友爱、结交亲密的朋友、在职场中建立广泛的人际关系以及寻找好的配偶组建幸福的家庭，能够实现这些，并不是因为学习成绩怎么优秀，而是因为具有良好的品格和道德，也就是‘道德智能’”。他总结说：“学做人是成才的第一课，道德智能是决定人生成败的关键！”

不仅如此，一些实证研究也充分地说明了德商在影响着一个人的成长。例如，一个基金会曾经对中国台湾的 1000 个大企业进行用人调查。结果发现，企业主用人最先考虑的是属于道德智能的“德行”，其次是属于情绪智商的“相处”，然后才是属于智商的“能力”。可见，德商对人的职业发展与成长具有重要价值。由此可见，一个人要想拥有事业上的成功，应当首先培养高尚的职业道德，这种职业道德的培养应该从小开始，但是在大学阶段是尤为关键的形成期。

【案例思考】 由此案例可见，一个人要想拥有事业上的成功，应当首先培养高尚的职业道德，这种职业道德的培养应该从小开始，但是大学阶段是尤为关键的形成期。作为一名大学生，你认为德商和智商两者的关系是怎样的？你想提升自身的德商指数吗？有何具体方法？

2.2.2 大学生职业道德的主要内容

按照公民道德的基本要求，结合当前高校及社会实际，大学生职业道德教育主要包括诚信品质教育、敬业精神教育、合作精神教育、责任意识教育和法纪意识教育。

1．诚信品质

人无信不立。诚实守信是中华民族千百年来传承的美德，是为人处世的基本准则，也是大学生步入社会、从事某项职业的立足点。当前，我国正处在一个社会转型期，经济高速发展，竞争日趋激烈。在这个转型过程中，由于市场经济发展不够成熟，法律法规还不够健全，加上利益的驱使，社会屡屡出现不讲信用、欺骗欺诈等严重诚信缺失行为，对大学生产生严重的负面影响，致使他们诚信认识出现偏差、诚信信念动摇。因此，加强诚实守信教育，解除大学生思想上的困惑，为他们走出校门、融入社会打上诚信“预防针”，十分重要和必要。

2．敬业精神

干一行爱一行。爱岗敬业是职业道德规范的基本要求，也是大学生从开始职业生涯那一刻起必须坚持的职业操守。根据我们对高职院校毕业生所做的调查，当代大学生比较缺乏敬业精神，尤其是缺乏奉献精神、吃苦精神。他们中的大多数人急功近利，索取多于奉献，不是把工作当事业，而是把工作当跳板，稍有成就或稍不如意就频频跳槽，最终事业无成、一无所获。俗话说，三百六十行，行行出状元。必须从大学时代开始加强爱岗敬业精神的培养，让他们树立正确的就业观、择业观、职业观和成才观，正确对待工作和生活，注重意志品质锻炼，养成吃苦耐劳的实干精神，力争具备较高的职业道德境界。

3．合作精神

现代社会是一个竞争与合作并存的社会，也是一个分工越来越细的社会，任何一项事业的成功，都离不开团队的合作。当代大学生是父母的骄傲和希望的寄托，是家庭生活的中心。由于长期在家长的过度保护下生活，他们中的许多人认识片面，往往以自我为中心，性格自私，心胸狭窄，缺乏包容心，在集体环境中往往不受欢迎，其直接后果是参加工作以后缺乏团队合作精神。针对这种现象，有必要在大学时代培养他们团结协作的意识，使他们能够顺利融入工作单位，建立良好的人际关系，促进他们成长成才。

4．责任意识

责任是一种意识、一种态度、一种境界，有责任、有担当是干好工作、成就事业的前提和基础。大学生作为国家培养的高素质人才，其是否具备责任意识，从大的方面看，直接影响到社会的发展进步；从小的方面看，直接影响到工作单位的生产效益。基于此，必须加强大学生责任意识教育，使他们成为社会和单位值得信赖的、能够勇挑重担的骨干和脊梁。

5．法纪意识

遵纪守法是社会公德最基本的要求，也是每一个公民在工作和生活中必须坚守的底线。职业纪律意识和法律素质，是每一位从业人员必须具备的最起码的职业道德品质。自控能力差、纪律观念不强、极力摆脱对家庭的依赖、在学校生活中自由散漫是当代许多大学生的通病，将这些缺点带到今后的工作之中，将会带来极为严重的恶果。故而要加强对大学生的法纪教育，引导他们从现在做起，从遵守学校规章制度开始，自觉养成遵纪守法的良好习惯，成为具有较强法律意识、严守工作纪律的合格职业人。

【案例 6】 这是中国 IT 业一个真实的故事，主人公为某软件公司总裁黄总。1993 年，黄总在中关村与人合租了一个小店销售组装计算机。那时他们的资金只有 3000 元。有个外地人来北京买货，问到黄总的报价，发现价格比同类产品低得多，难以置信！他马上签了 20 万元的合同单，满意离开。谁知签完单子，黄总才发现自己把报价报错了。这意味着假如他继续做这笔买卖，他将赔进去 1 万多元钱，从商人变成不折不扣的债户。他很犹豫，不知道走哪条路：第一条是守信誉，讲诚信，继续做生意；第二条是和对方讲明原因，请他把差价补上；第三条是把这笔单子推出去，就说做不了。经过几天的思考权衡，他对自己做出承诺：坚持走第一条路。真是塞翁失马，焉知非福，外地人得知实情，非常感动，立刻把 100 万元的单子按市场报价给了他。不久，中关村计算机配件价格集体下降。可想而知，黄总用自己的诚信赢得的岂止是几十万元！他正是用这笔资金打开了市场，终于成了 IT 业的精英人物。后来有人和他开玩笑，问他淘到的第一桶金赚了多少钱？他总是说，我没有赚，而是赔了 1 万多元，但是，我却淘到了一桶成色十足的金子，那就是诚信。

【案例思考】 你觉得诚信重要吗？诚信与成功之间是怎样的关系？

2.2.3 大学生职业道德修养的基本方法

大学生应该当如何加强职业道德修养呢？作为当代大学生，建议应该从以下几个方面来加强自身的要求，培养良好的职业道德。

1．树立自信，自觉、自主地进行自我修养

在职业道德修养上，自觉是非常重要的，人只有具备了自觉性，才能在道德活动中处处留心，时时提醒自己，严格要求自己，完善自己的职业道德品格。大学生处在人生的十字路口，自我管理和约束能力相对较差，但又具有很强的可塑性，若能从自己内心培植职业道德的土壤，建立长效自我约束机制，就会在工作中爱岗敬业、谦逊礼让、严于律己、宽以待人；在感情上，以为社会多做贡献为荣，以自己的劳动成果能为社会和他人带来幸福为乐，从而更好地在自我教育中提高职业道德水平。

2．学习职业道德理论与参加社会实践活动相结合

学习职业道德理论与参加社会实践活动相结合是提高职业道德修养的根本方法。实践证明，大学生在学校学习职业道德越好，体验越深刻，在工作岗位上的表现就越优秀，越符合职业道德规范。参加社会实践，是提高职业道德修养的根本途径。人的道德品质不是与生俱来的，大学生在学习职业道德理论的基础上，只有不断融入社会，把自己的学习和社会实践活动相联系起来，才能更深刻地认识自身的价值所在，正确审视自己的不足，并在社会实践中锻炼自己、陶冶自己、完善自己，最终完成职业道德品质的提高。

3．向职业模范人物和身边的榜样学习

大学生正处在人生观、世界观形成时期，以职业模范人物作为楷模，就会不断激励自己向更高的思想境界攀登。榜样的力量是无穷的。学习先进人物，可以向历史上的道德模范学习，也可以学习职场前辈的高贵品质，更要注意学习身边先进典型的精华。学人之长，补己之短，特别是同龄人的先进业绩更发人深省，具有更好的启发和示范意义。

4．自觉地进行内省和慎独

大学生在提高自身道德修养的同时，应该经常"内省"，善于认识自己，勇于正视自己的缺点，敢于自我批评，在实践中不断完善自己的职业道德品质。"慎独"讲究不仅在他人面前、领导面前能按职业道德行事，即使在别人不知道的情况下也能自觉地做好事。只有这样，才能在新形势下始终保持清醒的头脑，经受住各种考验，模范地遵守职业道德，做一个具备高尚职业道德品质的新型劳动者。

5．从小事做起，从现在做起，循序渐进

大学生正处在培养良好职业道德和练就技能本领的大好时期，只有在平凡的日常学习生活中，从点滴小事做起，通过长期积累，才能逐步培养、形成优秀的道德品质。因此，在道德修养中，要从我做起，严格要求自己，只有这样，才能自觉形成一种道德习惯，形成良好的职业道德信念和品质。目前，我国正在努力建设社会主义市场经济，人们的思想道德观念发生着很大变化，职业道德建设面临着新的形势和许多新的问题。尽管如此，职业道德修养仍然是职业道德建设中的一个重要方面，对于个人道德品质的形成和发展都具有重要的作用。社会需要数以亿计的高素质劳动者，作为当代大学生们更应从我做起，从小事做起，不断提高自己的职业道德修养水平，向更高的职业道德水准迈进。

2.3 习题

1．案例思考题

一位留学生在一家餐馆打工，老板要求洗盘子时要刷 6 遍。一开始他还能按照要求去做，刷着刷着，发现少刷一遍也挺干净，于是就只刷 5 遍；后来，发现再少刷一遍还是挺干净，于是就又减少了一遍，只刷 4 遍。他暗中留意另一个打工仔，发现他还是老老实实地刷 6 遍，速度自然要比自己慢许多，便出于"好心"，悄悄地告诉那个打工仔，可以少刷一遍，看不出来的。谁知那个打工仔一听，竟惊讶地说："规定要刷 6 遍，就该刷 6 遍，怎么能少刷一遍呢？"

如果你是老板，你希望用哪种心态的员工？

2．案例思考题

几个人驾车，从澳大利亚的墨尔本出发，去往南端的菲利普岛（澳洲著名的企鹅岛）看企鹅归巢的美景。从车上的收音机里他们得知，企鹅岛上正在举行一场大规模的摩托车赛。估计在他们到达企鹅岛之前，摩托车赛就要结束，到时候会有成千上万辆汽车往墨尔本方向开。由于这条路只有两车道，所以他们都担心会塞车，并会因此错过观赏的最佳时间。担心的时刻终于来了。离企鹅岛还有 60 多公里时，对面蜂拥而来大批的车辆。其中有汽车，还有摩托车。可是他们的车却畅通无阻！后来他们终于注意到对面驶来的所有车辆，没有一辆越过中线！这是一个左右极不“平衡”的车道，一边是光光的道路，一边是密密麻麻的车子。然而没有一个“聪明人”试图去破坏这样的秩序，要知道，这里是荒凉的澳洲最南端，没有警察，也没有监视器，有的只是车道中间的一道白线，一道看起来毫无任何约束力的白线。这种“失衡”的图景在视觉上似乎丝毫没有美感可言，可是却令人渐渐地感受到了一种震慑。

思考题：设想，如果在这条道路上，所有车辆都不遵守交通规则，擅自行事，那么结果会怎样？你从这个案例中领悟到什么？是什么确保了社会文化经济快速发展？

3. 案例思考题：幼教专家的尴尬

一些幼教专家到一家幼儿园去进行心理测试。当专家们问孩子：“一个小妹妹发烧了，她冷得直哆嗦，你愿意借外套给她穿吗？”结果，孩子们半天都不回答。当老师点名要孩子回答时，一个孩子说：“病了要传染的，她穿了我的衣服，那我也该生病了，我妈妈还得花钱。”另一个孩子回答：“我妈妈不让，我妈妈会打我的。”第三个孩子说：“给我弄脏了怎么办？”第四个孩子说：“我害怕她把我的衣服弄丢了！”结果，半数以上的孩子都找出了各种理由表示不愿意借衣服给生病的小妹妹。听到孩子们让人心寒的回答，一位幼儿园教师不甘心地把自己 4 岁的儿子找过来问道：“一个小朋友没吃早点，饿得直哭，你正在吃早点，你该怎么做呢？”见儿子不回答，她又引导：“你给他吃吗？”“不给！”男孩回答得十分干脆。妈妈又劝他说：“可是，那个小朋友都饿哭了呀！”儿子竟然回答：“不关我的事！”

现场的情况让幼教专家很尴尬，也让那位做幼儿园教师的母亲很尴尬。面对这样的孩子，他们禁不住想：这些孩子长大了该多么可怕啊？！

【案例思考】 你觉得这些孩子缺失的是什么？你觉得这个现象可怕吗？为什么？

4. 案例思考题

橡胶大王李光前的创业故事：

李光前生前是世界十大华人富商之一，他所创立的橡胶王国，对世界橡胶业有特别重要的影响。李光前是马来西亚乃至整个东南亚地区杰出的华人企业家、教育家和慈善家。李光前曾被授予马来西亚大学法学博士学位。1962 年，新加坡政府聘请他为新加坡大学首任校长。

1967 年 6 月 2 日，李光前逝世，狮城新加坡沉浸在一片悲哀的气氛中，似乎失去了所有的神采，同时市民们全部出动，自发为一位老人送行。商界人士惊闻一代巨贾离世，教育界痛悼丧失了一个好的教育家，全世界的华人都为没有了一位领导者而落泪。新加坡总理李光耀也在唁电中深表哀痛和惋惜。这位一生热心于文化教育事业的橡胶大王的逝世，不仅是新加坡工商界的一大损失，也是新加坡华人社会的一大损失。

1893 年，李光前出生在福建省南安县梅山芙蓉乡，原名李玉昆。在他小时候，他的家境特别贫寒，但是，难能可贵的是父亲对子女的教育非常重视，虽然经济困难，没有多少钱，但是自己节衣缩食，也要供孩子读书。

1903 年秋天，李光前只有 10 岁，就跟随父亲从福建出洋，去新加坡谋求生计。开船不久，气温变得特别低。当时船上多是福建人，而且还大多都是来自穷乡僻壤，去南洋谋生。因此，穿得都比较少，冻得直打哆嗦。

陈嘉庚当时也在船上，他是著名的爱国华侨，当他看到大家被冻成那样，就吩咐仓库保管员：“你通知全船的人，凡是姓陈的，每人发一条毛毯。”船上旅客实在是被冻坏了，不管张三李四都报名说自己姓陈，先拿一条毛毯御寒再说。

之后，陈嘉庚到各船舱巡视，看到大家都领到毛毯，就放心了。可是当陈嘉庚走到船舱的一个角落时，看到一个小孩子在那里直打哆嗦，觉得很奇怪，就问："为什么没去领毛毯？"这个小孩子说："我不姓陈，不敢冒领。"这个小孩子就是李光前，他这种诚实的举动，给陈嘉庚留下了特别深刻的印象。

李光前来到新加坡，就进入了当地英文学堂就读。他铭记父亲的教导，在接受英文教育的同时，还坚持去养正学堂学习中文。1909 年，李光前由于学习勤奋、成绩出色，得到当地中华总商会主席吴寿珍资助回国，继续在暨南学堂学习。两年后，他考入北京清华学堂（预科），之后转到唐山路矿专门学堂。

1911 年，辛亥革命爆发，时局非常动荡，李光前的学业由此被打断。他只好回到新加坡，不久考上当地政府办的测量专科学校，同时攻读美国一所大学的函授工程课。3 年后，因生活所迫，再次中断学业，开始谋生。

李光前精通中文、英文，经朋友介绍，他来到爱国华侨庄希泉创办的中华国货公司担任英文文书及涉外工作，由此便开始进入商界。

1916 年的一天，天正下着雨，李光前下班，在街边大排档吃饭。这时，陈嘉庚也冒着雨来买食物。当陈嘉庚买完食物包好后，雨越下越大。陈嘉庚的汽车停在附近，他没带雨具，无法去驾车，正在着急，李光前认出陈嘉庚，忙递去一把雨伞。陈嘉庚拿了雨伞，说："明天到我的橡胶公司去取回吧！"

第二天傍晚，李光前下班后，便到陈嘉庚办公室来取雨伞。陈嘉庚忙招呼他坐下，并感谢他借伞之情。两人在办公室内边喝茶边聊天，李光前才谈起他当年由厦门来新加坡的轮船上，陈嘉庚赠毛毯帮他御寒之事，至今感激不尽。陈嘉庚这才想起来，大笑起来。

闲谈之中，陈嘉庚了解李光前熟悉中英文，正好自己的公司目前正处于发展阶段，于是他便请李光前到自己的橡胶公司服务。

李光前来到陈嘉庚的谦益公司，主要负责处理中、英文函件及对外联络工作，这一次"跳槽"成为他商业生涯中的一个重要转折点，至此之后他便开始在商界崭露头角。

李光前在工作期间，不耻下问，勤奋好学，很快就掌握了橡胶生意的知识，而且还打通外国市场。因为办事干练精明、业务熟练加上老成持重，他很快就荣升为谦益公司橡胶贸易部经理，深得陈嘉庚器重。

陈嘉庚看到李光前年轻有为，便有意把长女陈爱礼许配给他。李光前觉得陈爱礼虽是名门之后，但她却端庄贤惠、平和稳重，而自己已经 27 岁了，该是成家的时候了。于是他便答应了这门亲事。

从这之后，李光前为谦益公司的事业更加尽心尽力了，陈嘉庚也尽量让他的才华得以充分发挥。他在谦益公司工作了 11 年，在这期间，他学到许多工商贸易及经营管理的知识，积累了大量经验，并与中外贸易界保持着良好的关系。这一切，为他日后开创自己的事业铺平了道路。

【思考题】 请问橡胶大王李光前的成功只是因为他有特别的能力吗？还是他有什么过人之处？是什么让他走上成功之路，成为一代名人？对你有何启发？写下你自己的体会。

第3章 企业文化

3.1 企业文化概述

课堂活动设计——企业文化对企业发展的重要性。

【活动目标】

1）使学生认识到企业文化的存在是非常必要的。

2）使学生能够理解到公司拥有系统而良好的企业文化的重要性。

【活动流程】

（1）教师阐述案例

（2）案例分析

1）对导入案例中的思考题进行分组讨论。

2）每组代表阐述企业文化对企业发展有何作用。

【案例1】 宜家公司：平等和容忍

瑞典宜家公司是20世纪中少数几个令人眩目的商业奇迹之一，1943年年初创建，从一点“可怜”的文具邮购业务开始，不到60年的时间就发展成为在全球共有180家连锁商店、分布在42个国家、雇用了7万多名员工的企业航母。无疑，宜家公司繁荣发展的强大支撑力正是其多年来坚定不移的文化理念，而这种文化背后又折射出创始人开普的烙印。

1. 平等主义的用人理念

宜家公司的企业文化为非正式、关注成本、幽默和脚踏实地，其文化的核心之一就是平等主义。开普倡导平等、反官僚、信任员工的直觉、建立扁平化的组织。宜家公司定期举行反官僚作风周，在此期间，总监们要在店堂后面的寄存间工作。

宜家公司每年要接收将近20000名新员工。如何把宜家公司的文化和价值观传输给他们、贯彻到每一个地方，是一个巨大的挑战。“要注重企业文化，在招聘过程中就必须保持公平的态度，只有这样，在招聘员工时，才能确保企业文化被理解并且被适当地评价。”宜家公司CEO达尔维格说。

2. 鼓励员工从顾客的角度看问题

在把平等理念灌输到管理体系中的同时，宜家公司也在向员工灌输关注顾客服务的文化，曾任宜家公司CEO的安德尔说，创始人开普对他个人的管理风格有着深刻的影响：“他训练我们从顾客的角度看待每件事情。”这种文化体现在宜家公司从设计人员到服务人员的所有工作环节中。

为了形成一种以顾客为导向的文化，宜家公司在雇用员工时就注意到，有些人比其他人更令人愉快、更具动力、更擅于合作、更好沟通。即使这一职务不需要与客户有接触，一个与人沟通良好的雇员将有助于总体的顾客服务理念。

不仅是直接接触顾客的一线员工，即使是在背后的设计人员及管理支持部门也高度重视顾客的感受和需求。为了真正设计出贴近顾客的家具，在瑞典南部的小镇阿姆胡特，12位瑞典籍的全职设计师和80位自由设计师与室内产品团队一起肩并肩地工作，并且，公司给他们的试用期可以是3年。现在，宜家公司在设计中会根据不同国家消费者的风俗和习惯对产品和展厅进行改变，还特别重视细节。

其实，不论是平等主义，还是关注客户，都是宜家公司创始人开普个人特征的完美体现。开普6岁就开始踏足零售业，从火柴到鱼、圣诞树装饰物、种子和文具等。1943年，17岁的开普凭着零售天分和激情创办了宜家公司。1951年，宜家公司发表第一个目录册。"为众人创造更好的生活""浪费资源是致命的罪过""发展是我们的责任"这些标语都曾先后出现在宜家公司的目录册中，这本小册子会发到全体员工手中。

开普风格的突出特征就是平等主义和容忍错误。哈佛商学院的一个案例这样描述他：经理要坐头等舱去参加会议，而他回答说，在宜家公司，没有头等舱。直到今天，即使是宜家公司最高层的经理们都坐经济舱。

【案例思考】 你认为是什么让宜家公司成为20世纪的商业奇迹？你最欣赏哪一条或哪些？如果你将来有机会自助创业，你会沿用开普的理念吗？你倡导的企业文化是怎样的呢？

3.1.1　什么是企业文化

企业文化，或称为组织文化，是一个组织由其价值观、信念、仪式、符号、处事方式等组成的其特有的文化形象。企业文化是在一定的条件下，企业生产经营和管理活动中所创造的具有该企业特色的精神财富和物质形态。它包括文化观念、价值观念、企业精神、道德规范、行为准则、历史传统、企业制度、文化环境、企业产品等。其中价值观是企业文化的核心。

企业文化是企业的灵魂，是推动企业发展的不竭动力。它包含着非常丰富的内容，其核心是企业的精神和价值观。这里的价值观不是泛指企业管理中的各种文化现象，而是企业或企业中的员工在从事商品生产与经营中所持有的价值观念。企业文化是企业在经营活动中形成的经营理念、经营目的、经营方针、价值观念、经营行为、社会责任、经营形象等的总和，是企业个性化的根本体现，它是企业生存、竞争、发展的灵魂。

3.1.2　企业文化的基本内涵

根据企业文化的定义，其内容是十分广泛的，但其中最主要的应包括如下几点：

1．经营哲学

经营哲学也称为企业哲学，源于社会人文经济心理学的创新运用，是一个企业特有的从事生产经营和管理活动的方法论原则，它是指导企业行为的基础。一个企业在激烈的市场竞争环境中，面临着各种矛盾和多种选择，要求企业有一个科学的方法论来指导，有一套逻辑思维的程序来决定自己的行为，这就是经营哲学。例如，松下电器产业株式会社就以"讲求经济效益，重视生存的意志，事事谋求生存和发展"作为它的战略决策哲学。

2．价值观念

所谓价值观念，是人们基于某种功利性或道义性的追求而对人们（个人、组织）本身的存在、行为和行为结果进行评价的基本观点。可以说，人生就是为了价值的追求，价值观念决定着人生追求行为。价值观不是人们在一时一事上的体现，而是在长期实践活动中形成的关于价值的观念体系。企业的价值观，是指企业职工对企业存在的意义、经营目的、经营宗旨的价值评价和为之追求的整体化、个异化的群体意识，是企业全体职工共同的价值准则。只有在共同的价值准则基础上才能产生企业正确的价值目标。有了正确的价值目标才会有奋力追求价值目标的行为，企业才有希望。因此，企业价值观决定着职工行为的取向，关系企业的生死存亡。只顾企业自身经济效益的价值观，就会偏离社会主义方向，不仅会损害国家和人民的利益，还会影响企业形象；只顾眼前利益的价值观，就会急功近利，搞短期行为，使企业失去后劲，导致灭亡。

3．企业精神

企业精神是指企业基于自身特定的性质、任务、宗旨、时代要求和发展方向，并经过精心培养而形成的企业成员群体的精神风貌。企业精神要通过企业全体职工有意识的实践活动体现出来。因此，它又是企业职工观念意识和进取心的外化。

企业精神是企业文化的核心，在整个企业文化中起着支配的地位。企业精神以价值观念为基础，以价值目标为动力，对企业经营哲学、管理制度、道德风尚、团体意识和企业形象起着决定性的作用。可以说，企业精神是企业的灵魂。

企业精神通常用一些既富于哲理，又简洁明快的语言予以表达，便于职工铭记在心，时刻用于激励自己；也便于对外宣传，容易在人们脑海里形成印象，从而在社会上形成个性鲜明的企业形象。如王府井百货大楼的“一团火”精神，就是用王府井百货人的光和热去照亮、温暖每一颗心，其实质就是奉献服务；西单商场的“求实、奋进”精神，体现了以求实为核心的价值观念和真诚守信、开拓奋进的经营作风。

4．企业道德

企业道德是指调整该企业与其他企业之间、企业与顾客之间、企业内部职工之间关系的行为规范的总和。它从伦理关系的角度，以善与恶、公与私、荣与辱、诚实与虚伪等道德范畴为标准来评价和规范企业。

企业道德与法律规范和制度规范不同，不具有强制性和约束力，但具有积极的示范效应和强烈的感染力，被人们认可和接受后具有自我约束的力量。因此，它具有更广泛的适应性，是约束企业和职工行为的重要手段。

“中华老字号”同仁堂药店之所以三百多年长盛不衰，在于它把中华民族优秀的传统美德融于企业的生产经营过程之中，形成了具有行业特色的职业道德，即“济世养身、精益求精、童叟无欺、一视同仁”。

5．团体意识

团体即组织，团体意识是指组织成员的集体观念。团体意识是企业内部凝聚力形成的重要心理因素。企业团体意识的形成使企业的每个职工把自己的工作和行为都看成实现企业目标的一个组成部分，使他们对自己作为企业的成员而感到自豪，对企业的成就产生荣誉感，从而把企业看成是自己利益的共同体和归属。因此，他们就会为实现企业的目标而努力奋斗，自觉地克服与实现企业目标不一致的行为。

6. 企业形象

企业形象是企业通过外部特征和经营实力表现出来的，被消费者和公众所认同的企业总体印象。由外部特征表现出来的企业的形象称表层形象，如招牌、门面、徽标、广告、商标、服饰、营业环境等，这些都给人以直观的感觉，容易形成印象；通过经营实力表现出来的形象称深层形象，它是企业内部要素的集中体现，如人员素质、生产经营能力、管理水平、资本实力、产品质量等。表层形象以深层形象为基础，没有深层形象这个基础，表层形象就是虚假的，也不能长久地保持。流通企业由于主要是经营商品和提供服务，与顾客接触较多，所以表层形象显得格外重要，但这绝不是说深层形象可以放在次要的位置。北京西单商场以“诚实待人、诚心感人、诚信送人、诚恳让人”来树立全心全意为顾客服务的企业形象，而这种服务是建立在优美的购物环境、可靠的商品质量、实实在在的价格基础上的，即以强大的物质基础和经营实力作为优质服务的保证，达到表层形象和深层形象的结合，赢得了广大顾客的信任。

7. 企业制度

企业制度是在生产经营实践活动中形成的，对人的行为带有强制性，并能保障一定权利的各种规定。从企业文化的层次结构看，企业制度属于中间层次，它是精神文化的表现形式，是物质文化实现的保证。企业制度作为职工行为规范的模式，使个人的活动得以合理进行，内外人际关系得以协调，员工的共同利益受到保护，从而使企业有序地组织起来为实现企业目标而努力。

8. 文化结构

企业文化结构是指企业文化系统内各要素之间的时空顺序、主次地位与结合方式，企业文化结构就是企业文化的构成、形式、层次、内容、类型等的比例关系和位置关系。它表明各个要素如何链接形成企业文化的整体模式，包含企业物质文化、企业行为文化、企业制度文化、企业精神文化形态。

9. 企业使命

企业使命是指企业在社会经济发展中应担当的角色和责任，是指企业的根本性质和存在的理由，说明企业的经营领域、经营思想，为企业目标的确立与战略的制定提供依据。企业使命要说明企业在全社会经济领域中所经营的活动范围和层次，具体表明企业在社会经济活动中的身份或角色。它包括的内容为企业的经营哲学、企业的宗旨和企业的形象。

3.1.3 企业文化的主要作用与重要意义

1. 企业文化的主要作用

【案例 2】 一个靠文化闻名世界的小鱼摊

如果我们今天赴美国做商务旅游，很可能会有这样一项内容的安排：参观美国西雅图市著名的派克鱼市公司。派克鱼市公司的创始人叫约翰·横山。直到 1986 年，约翰·横山已经努力工作了 20 年，目标只有一个，就是使自己在西雅图的一个小鱼摊生意兴隆起来。可他就像许多小本生意人一样，一直维持着几个人的小公司，也谈不上什么成功。约翰想把生意扩大，他便转向了渔业批发领域。可没想到，只一年的时间就几乎赔光了公司的老本。这时候，约翰·横山真是走到了生死抉择的十字路口。一天，一个朋友建议他赶紧请个咨询师。他咬咬牙，花钱，请！天知道咨询师能不能拯救他的企业。咨询师吉姆每两周来公司组织大家开一次会，会上只做一件事情：激发大家的斗志。

吉姆帮助大家认识："我们需要一个远大的目标，一个更大的策略。"终于到了第三次会议时，约翰明白了："我们要举世闻名！""我们可以影响彼此的生活，影响顾客的生活！"

约翰当然是百分之百地忠实于公司目标——"要成为举世闻名的企业"。但是，这不同寻常的目标怎样才能使每一位员工都愿意为它付出呢？大家能不能始终保持不竭的动力去创造举世闻名的奇迹呢？

许多企业老板这时候可能会花费很多时间去教员工如何干好工作，却几乎不解释工作的重要目标是什么。但是在这里，当新员工加入公司时，从三个月的试用期开始就给他们提供分享"梦想"的机会——要举世闻名！这是一个融入公司文化很重要的培训。

许多公司会把大量的时间花费在寻找最优秀、最聪明、最有天分的应聘者身上，但是在这里，公司要寻找的是"志同道合"，并帮助员工看到自己在工作中的发展机会。

约翰每隔一周会与全体员工见一次面，一起共进晚餐，一起充分讨论"我们的目标"和怎样达到它。员工会踊跃地给出他们的见解、建议，从中，约翰和管理者、员工一起来调节工作方式，大家始终保持着一致的奋斗目标。尽管这样的"聚会"要耗费人力、物力，但是约翰却把它看成是坚持"我们的目标"的重要步骤。

一晃又过去 20 年了。那个小小的鱼摊今天已经大名鼎鼎，很多来到美国的旅游者都会极有兴致地去派克鱼市逛逛，领略那美妙、开心的传送号子，享受那激发活力的工作气氛。

【案例分析】 企业文化是一个企业的灵魂。它的存在能引领一个企业走向更加广阔的未来，能使一个企业有一个良好的工作氛围，能带动员工们的激情和动力，保持企业的活力。小小的鱼摊如今能够大名鼎鼎，靠的就是优良的企业文化，并且始终坚持不懈地做下去。一个企业的成功与否，和它自身所具有的文化有很大的关系。优秀的企业文化能为公司创造良好的企业环境，能为大家树立正确的价值观，能够带领公司人员一起共同奋进。

企业文化结构中的核心是精神层面，它是企业文化的深层文化，是一个企业的经营哲学，是指导企业行为的基础。企业文化是企业的最高目标，是所有人共同努力的方向，是一种精神动力。一个企业的良好风气，是靠企业文化创造出来的。这个精神层便能说明企业文化对企业的重要性和影响力。企业文化的主要作用归纳如下：

（1）导向作用

播种一种观念，培育一种行为，从而收获一种结果；解决人们的观念、感情、情绪、态度方面的问题，要靠企业文化。

（2）凝聚作用

认同感可以凝聚人心，增强员工的归属感。部门壁垒影响协作成本，拆除部门壁垒，降低协作成本，把企业整合为一个统一的、协调的整体，要靠企业文化。

（3）规范作用

企业文化作为一种心理的约束，可以规范行为，并能代替部分正规约束。

（4）激励作用

可以减少物质激励、制度规范监督所必须付出的高昂费用，降低管理成本。

（5）社会影响

企业文化建设有助于企业成为社会的优秀成员，对社会乃至环境都有积极的影响作用。好的企业文化造就优秀员工。

2．企业文化的重要意义

【案例 3】 加拿大萨斯喀彻温省一家钾盐矿 72 名矿工因发生火灾而被困井下后全部获救。这个圆满的结局让人深感欣慰。而从事故发生后的营救过程看，这起事故能有这样一个值得庆幸的结局绝非偶然。正如该矿井发言人汉密尔顿在宣布营救成功时不无骄傲地说:"安全是我们企业文化的核心。"

这次被困矿工之所以毫发无损，很大程度上与加拿大政府部门和矿主拥有高度责任感、完备的安全生产法规是密不可分的，也是加拿大矿业长期坚持"安全至上"的理念和把安全视为企业文化核心的结果。

【案例分析】 通过以上案例，我们不由得赞叹企业文化的重要性。好的企业文化不仅助推企业的快速发展，更对每一个企业的员工有着深远的意义。着力打造安全是企业文化核心，多年来，加拿大人力资源部门和职业安全与健康中心等机构一直大力推动各级政府立法，不断完善矿业安全管理制度，加大安全投入，不断改善采矿环境和安全生产。同时，这些部门为强化全民安全生产意识，每年都举办职业安全与健康周活动，还在典型事故发生地设立纪念碑或展览馆，怀念遇难工人，并告诫雇主和雇员要重视安全生产。

众所周知，企业文化是植根于企业全体员工中的价值观、道德规范、行为规范、企业作风及企业的宗旨等。如果说各种规章制度、服务守则等是规范员工行为的"有形准则"，企业文化则作为一种"无形准则"存在于员工的意识中，如同我们社会道德一样约束着员工的精神。

企业文化对企业的生存和发展有着不可替代的重要作用。一个企业的所有动力及凝聚力不是来自资源和技术，而是企业文化。纵观世界 500 强，哪一家企业没有优秀、独特的企业文化？许多公司的成功都是源自其企业文化。企业文化的重要意义归纳如下：

第一，企业文化建设有助于企业成为社会的优秀成员，对社会乃至环境都有积极的影响作用。企业文化能激发员工的使命感。不管是什么企业都有它的责任和使命，企业使命感是全体员工工作的目标和方向，是企业不断发展或前进的动力之源。

第二，企业文化能凝聚员工的归属感。企业文化的作用就是通过企业价值观的提炼和传播，让一群来自不同地方的人共同追求同一个梦想。

第三，企业文化能加强员工的责任感。企业要通过大量的资料和文件宣传员工责任感的重要性，管理人员要给全体员工灌输责任意识、危机意识和团队意识，要让大家清楚地认识企业是全体员工共同的企业。

第四，企业文化能赋予员工荣誉感。每个人都要在自己的工作岗位、工作领域多做贡献、多出成绩、多追求荣誉感。

第五、企业文化能实现员工的成就感。一个企业的繁荣昌盛关系到每一个公司员工的生存，企业繁荣了，员工们就会引以为豪，会更积极努力进取，荣耀越高，成就感就越大、越明显。

【案例 4】 计算机帝国 IBM 的企业文化——尊重个人

IBM 公司是有明确原则和坚定信念的公司。这些原则和信念似乎很简单、很平常，但正是这些简单、平常的原则和信念构成 IBM 特有的企业文化。

该公司拥有40多万员工，年营业额超过500亿美元，几乎在全球各国都有分公司，其分布之广，无不让人惊叹不已，对其成就无不令人向往。若要了解此企业，你必须了解它的经营理念。许多人不理解，为何像IBM这么庞大的公司会具有人性化的性格，其实正是这些人性化的性格，才造成IBM公司不可思议的成就。

老托马斯在1924年创办IBM公司时设立过“行为准则”。正如每一位有野心的企业家一样，他希望他的公司财源滚滚，同时也希望能借此反映出他个人的价值观。因此，他把这些价值观标准写出来，作为公司的基石，任何为他工作的人，都明白公司要求的是什么。

老托马斯的信条在其儿子时代更加发扬光大，小托马斯·沃森在1956年任IBM公司的总裁，老托马斯所规定的“行为准则”，由总裁至收发室，没有一个人不知晓：①必须尊重个人；②必须尽可能给予顾客最好的服务；③必须追求优异的工作表现。

这些准则一直牢记在公司每位人员的心中，任何一个行动及政策都直接受到这三条准则的影响。“沃森哲学”对公司的成功所贡献的力量，比技术革新、市场销售技巧，或庞大财力所贡献的力量更大。IBM公司对公司的“规章”“原则”或“哲学”并无专利权，“原则”可能很快地变成了空洞的口号。在企业运营中，任何处于主管职位的人必须彻底明白“公司原则”。他们必须向下属说明，而且要一再重复，使员工知道，“原则”是多么重要。IBM公司在会议中、内部刊物中、备忘录中、集会中所规定的事项，或在私人谈话中都可以发现“公司哲学”贯彻其中。如果IBM公司的主管人员不能在其言行中身体力行，那么这一堆信念都成了空口说白话。主管人员需要勤于力行，才能有所成效。全体员工都知道，不仅是公司的成功，即使是个人的成功，也一样都是取决于员工对“沃森原则”的遵循。若要全体员工一致对你产生信任，是需要很长的时间才能做到的，但是一旦你能做到这一点，你所经营的企业在任何一方面都将受益无穷。IBM企业文化的第一条准则：必须尊重个人。任何人都不能违反此准则，至少，没有人会承认他不尊重个人。

虽然几乎每个人都同意这个观念，但列入公司信条中的却很少见，更难说遵循。当然IBM并不是唯一呼吁尊重个人权利与尊严的公司，但却没有几家公司能做得彻底。

沃森家族知道，公司最重要的资产不是金钱或其他东西，而是员工，自从IBM公司创立以来，就一直推行此行动。每一个人都可以使公司变成不同的样子，所以每位员工都认为自己是公司的一分子，公司也试着去创造小型企业的气氛。分公司永保小型编制，公司一直很成功地把握一个主管管辖十二个员工的效率。每位经理都了解工作成绩的尺度，也了解要不断地激励员工上进。有优异成绩的员工就获得表扬、晋升、奖金。在IBM公司里没有自动晋升与调薪这回事。晋升、调薪靠工作成绩而定。一位新进入公司的市场代表有可能拿的薪水比一位在公司工作多年的员工要高。每位员工以他对公司所贡献的成绩来核定薪水，绝非以资历而论。有特殊表现的员工，也将得到特别的报酬。

自从IBM公司创业以来，公司就有一套完备的人事运用传统，直到今天依然不变。拥有40多万员工的今日与只有数百员工的昔日，完全一样。任何一位有能力的员工都有一份有意义的工作。在将近50年的时间里，没有任何一位正规聘用的员工因为裁员而失去1小时的工作。IBM公司如同其他公司一样也曾遭受不景气的时候，但IBM公司都能很好地计划并安排所有员工不致失业。也许IBM公司成功的安排方式是再培训，而后调整新工作。例如在1969年到1972年经济大萧条时，有1.2万名IBM公司的员工，由萧条的生产工厂、实验室、总部调整到需要他们的地方。有 5000 名员工接受再培训后从事销售工作、设备维修、外勤行政工作与企划工作。大部分人反而因此调到了一个较满意的岗位。

【案例分析】 IBM 公司的管理人员对公司里任何员工都必须尊重，同时也希望每一位员工尊重顾客，即使对待同行竞争对象也应同等对待。公司的行为准则规定，任何一位 IBM 公司的员工都不可诽谤或贬抑竞争对手。销售要靠产品的品质、服务的态度，推销自己产品的长处，不可攻击他人产品的短处。有能力的员工应该给予具有挑战性的工作，好让他们回到家中，回想一下他们做了哪些有价值的事。当他们工作时能够体会到公司对他们的关怀，都愿意为公司的成长贡献一技之长。IBM 公司晋升时永远在自己公司员工中挑选，如果一有空缺就由外界找人来担任，那么对那些有干劲的员工是一种打击，而且深受挫折、意志消沉。IBM 公司有许多方法让员工知道，每一个人都可使公司变成不同的样子。在纽约州阿蒙克的 IBM 公司里，每间办公室、每张桌子上都没有任何头衔字样，洗手间也没有写着什么主管专用，停车场也没有为主管预留位置，没有主管专用餐厅。总而言之，那是一个非常民主的环境，每个人都同样受人尊敬。这样的企业文化造就的企业环境成就了 IBM 公司的每一个员工，也成就了 IBM 计算机帝国的辉煌。

3.2 不同企业文化的特征与比较

课堂活动设计——企业文化差异案例分析

【活动目标】

1）使学生认识到企业文化因公司而异。

2）使学生能够理解到不同公司的企业文化既有相同点也存在差异。

【活动流程】

（1）教师阐述案例

（2）案例分析

1）对导入案例中的思考题进行分组讨论。

2）每组代表阐述每个企业文化主要特征以及相互间的差异。

【案例 5】 约翰是一家全球著名的计算机公司的销售工程师，他的眼里激情洋溢："你见过这样的办公室吗？它完全是开放式的，没有间隔，每人每天的位置都不同，打卡时自动分配，所有人都忙得团团转，打电话、敲键盘的声音交织在一起。我一走进办公室，看到繁忙的景象，就觉得浑身的血液都沸腾了，体内的干劲就像要往外溢似的。"

约翰说，在公司里，大家不论职位高低，一律直呼对方的名字，感觉很平等、很民主，这也算外企特有的风景线吧！公司对员工的创造力和工作效率要求很高，大家工作都很拼命，通宵加班是常事。"我们的待遇很好，但正式员工并不多，很多员工是以协作形式聘请的，公司里的计算机、电话系统也都是外包的，成本降低了不少。"

约翰最满意的，是公司浓厚的学习氛围。"如果你要求加薪，公司可能会犹豫；如果你要学习，公司一定欢迎。从我们进入公司的那一天起，就开始接受永不停止的'魔鬼式'培训了，即使做到经理，仍有不同的培训在等着你。经过打磨，我们每个人都拥有一种特有的、健康的自信，这种自信，几乎成了公司员工脸上的标签，走在人群里，我们能被准确无误地认出来。"

【案例思考】 你喜欢这样的企业文化吗？你认为这是哪个国家投资的企业呢？

【案例6】 德资企业很严谨？

拥有众多伟大哲学家的德国，被赋予了严谨、冷静、内敛的性格。德资企业是否也具备这些特征呢？安琪是西门子移动的部门经理，她在这里已经服务4年了。“德国的企业文化，就好像西门子的手机，简单、大方。”安琪三句不离本行，“公司给了员工不小的自由度。我们上下班不用打卡，待遇优厚，但工作压力却很小。德资企业的人手，总是比实际需要的宽松很多。我们从不加班，公司也不鼓励加班，因为德国人善于享受生活，不会把工作变成生活的全部，德国人中出现工作狂的概率非常小。”“德国人的严谨、细致举世闻名，我们公司当然也有体现，那就是我们的规章制度，细化到了让人难以想象的地步。在制度的执行上，德国公司一丝不苟，不讲情面。奇怪的是，你并不会被这些制度束缚住，它们只是恰到好处地告诉你工作有哪些流程。只要按照流程做，没有人会来干扰你的具体操作，因为德国人更重视结果。”“我们的培训体系相当完善，只要做到主管级，就能被派到德国学习，我已经去了三四次了。公司还要出钱送我去中欧攻读MBA，十几万元的学费呀，这么大的手笔，恐怕只有德国公司才会有。”“但在人际关系方面，我们已经完全本土化了，中国文化战胜了德国文化。在德国，如果你不喜欢别人，还可以照样拿薪水，做好自己的工作。而在中国，人际关系和工作目标密不可分，人际关系始终是很重要的。”

【案例7】 香港人个个都是工作狂？

大卫终于如愿以偿地进入了和记黄埔公司工作，虽然这个怀揣着洋证书的小伙子目前只是负责一些客户服务工作，但他干得兴致勃勃。“香港人的职业精神是无可挑剔的，他们经常把‘职业操守’这个词挂在嘴边，这是他们珍贵的个人品牌。在香港公司里，人和事分得很开，私下里可以是好朋友，但做起事来却六亲不认。我以前曾经在一家香港人开的家族企业打工，员工都是老板的亲戚，但他们并不把这种关系带到工作中去，做错了事，照样要受罚。刚开始，我不太习惯这种工作方式，但转念一想，这正是他们敬业精神的体现，我不仅要理解，更要向他们学习，早日融入这种企业文化里去。”

“香港人个个都是工作狂，这种文化已经使公司变成了一架高速运转的机器，不要妄想让它停止或减速，我能做的，就是跟着一起运转，否则就会被碾得粉碎。可以想象，在香港公司工作，压力是巨大的。我的香港同事们，经常连续几天不眠不休，每个周末都自觉加班。”

“虽然都是中国人，但在生活方式、价值观上，还是有很大的差异。光说语言，就经常有沟通不畅的情况。有时交流实在有障碍，就干脆使用英语。想想看，两个中国人，却用英语沟通，这种事，恐怕只有香港公司才有吧！”

【案例思考】 很显然，以上几个案例中每个公司的企业文化不尽相同。比较一下几家公司的企业文化的相同和差异。你更倾向于哪一种企业文化呢？企业文化与每个员工自身又有何关系呢？

3.2.1 不同企业文化的列举

文化是与民族分不开的，一定的文化总是一定民族的文化。企业文化是一个国家的微观组织文化，它是这个国家民族文化的组成部分，所以一个国家企业文化的特点实际就代表这个国家民族文化的特点，企业文化与企业的国别背景有着密切关系。在职场中，我们每分每秒都呼吸着这种叫“企业文化”的空气。它无孔不入，蕴涵在身边的点滴小事之中：它是打电话的方式，它是互相之间的称呼，它是上下班的时间……要真正融入一个企业，首先必须理解这个企业的文化。

下面仅对能代表东西方民族文化特点的几个国家和地区的企业文化作一些简要介绍。

1. 中资企业文化特征

近年来，民营企业在中资企业中所占比例日益增加。民营企业文化主要分为家族情感型、制度约束型、理念引导型和境界追求型四种。我国绝大多数民营企业的企业文化属于第一种和第二种类型，第三种类型较少，第四种类型则更少。这四种类型企业文化依照其对物质生产力推动程度的大小来划分，可分为最低层次、次低层次、较高层次、最高层次。民营企业文化包括家族管理模式，任人唯亲的管理原则，集权制的管理风格，具有较强的经验管理特征。民营企业要谋求长久发展、获得可持续发展能力，必须将企业文化作为企业长久发展战略的一个重要组成部分，根据企业自身发展阶段、发展目标、经营策略和企业内外环境等多种因素综合考虑，而不能孤立地进行。所以要建立现代企业制度，任人唯贤，科学管理，民主决策，才能使企业脱胎换骨，前景广阔。

2. 美资企业文化特征

美国是一个多民族的移民国家，这决定了美国民族文化的个人主义特点。美国的企业文化以个人主义为核心，但这种个人主义不是一般概念上的自私，而是强调个人的独立性、能动性、个性和个人成就。在这种个人主义思想的支配下，美国的企业管理以个人的能动主义为基础，鼓励职工个人奋斗，实行个人负责、个人决策。因此，在美国企业中个人英雄主义比较突出，许多企业常常把企业的创造者或对企业做出巨大贡献的个人推崇为英雄。企业对职工的评价也是基于能力主义原则，加薪和提职也只看能力和工作业绩，不考虑年龄、资历和学历等因素。以个人主义为特点的企业文化缺乏共同的价值观念，企业的价值目标和个人的价值目标是不一致的，企业必须以严密的组织结构、严格的规章制度来管理员工，以追求企业目标的实现。职工仅把企业看成是实现个人目标和自我价值的场所和手段。

1）重视个人价值。美国人办事时自信心很强，同时也高傲自大。在美国的企业工作，员工的自信心会得到培养。美国著名的苹果公司认为，人人参与、推崇创新的企业文化，使该公司不断开发出具有轰动效应的新产品。

2）提倡竞争和献身。美国企业十分重视为职工提供公平竞争。福特汽车公司提升干部就仅凭业绩。

3）奖励创新精神。美国许多企业都用不断创新来保持自己的优势。如杜邦公司的成功经验是不断开发新产品。美国的企业注重创新和发展。他们的观念是：新的、以前没有的东西就是有价值的。

4）利益共享。美国许多企业实行股份制。通过职工持股，使其除工资收入外还能分到红利，还增加了职工参与经营管理的权利。

3. 欧洲企业文化特征

欧洲文化崇尚个人的价值观，强调个人高层次的需求。欧洲人还注重理性和科学，强调逻辑推理和理性的分析。

例如，意大利崇尚自由，以自我为中心，所以企业组织的结构化程度低。但由于意大利绝大多数的企业属于中小企业，组织松散对企业生机影响并不突出。

又如，德国人组织纪律性强，而且勤奋刻苦。因此，德国的企业管理中，决策机构庞大、决策集体化，保证工人参加管理，往往要花较多的时间论证，但决策质量高。企业执行层划分严格，各部门负责只有一个主管，不设副职。职工参与企业管理广泛而正规，许多法律都保障了职工参与企业管理的权利。职工参与企业管理主要是通过参加企业监事会和董事会来实现。

严谨是德国企业的最大特点。德国人办事的严谨、认真且一丝不苟，可谓世界闻名，也让一些不习惯这种“性格”的人感到“头疼”。在德国即使是一小包方便面的汤料上也一定会注明加水量是几百毫升，烹煮的时间是几分钟。在中国，我们最经常听到调侃德国人的就是：德国人的厨房里，必不可少的有时钟、温度计和天平。做饭前，对各样原料用量器计量好分量，然后上锅，用温度计测温，看时钟掌握时间，精益求精，丝毫不差。这种按照科学试验的方式烹调的德国食品，在世界上真是独一无二。

而这种态度，同样也放在了德国人的工作上。德国人敬业、坦诚、守时、有条理，特别是在细节上的一丝不苟、万分认真，被全球所公认。如果说美国企业以创新闻名于世，那么德国企业则以严谨享誉全球。严谨即为德国企业最突出的个性。我们如果把德资企业和美资企业放在一起，更能明显地看到这种差异，更能深刻地理解德资企业的严谨之根深蒂固到了一种怎样的程度。

【案例 8】 德国戴姆勒—奔驰公司和美国三大汽车公司之一的克莱斯勒公司这两位世界汽车巨头以 360 亿美元的高价“平等合并”，当时这桩合并被全球舆论界称为“天堂里的婚姻”。因为，戴姆勒—奔驰公司是德国实力强劲的企业，是扬名世界的“梅塞德斯”品牌的所有者；克莱斯勒则是美国三大汽车制造商中之一。原以为这宗跨越大西洋的强强联合定会造就一个驰骋世界汽车市场、所向无敌的巨无霸，谁会想到，合并后的第二年公司亏损 5.12 亿美元，公司的股价也随之一路下滑，锐减 50%。不久后，美籍管理层正式土崩瓦解，克莱斯勒纳入德方的掌握之中。这桩“天堂里的婚姻”仅仅维持了两年就走到了尽头。

【案例分析】 业内人士研究后发现，导致这种失败结局的根本原因是美国和德国两种不同企业文化的冲突。德国人做事严谨，一丝不苟，对工艺流程控制严格，对质量要求近乎苛刻；美国人强调个性的舒展，崇尚创新行为，在产品品质的追求上不及德国人执着。美方人士担心德国企业中那种近乎死板的工作方法会销蚀美国公司中浓厚的自由气氛和强烈的创新激情。两公司从高层管理人员直至普通员工沟通上产生严重障碍，制约了总公司的整体运作，也最终致使这桩“天堂婚姻”破裂。

4. 日资企业文化特征

日资企业等级制度比较清晰，要按资论辈。“后辈”总是从基础、简单的事做起，要虚心请教，凡事要多报告、联系、商量。“前辈”则有义务教授指导，承担责任。早晨下属看到上级要鞠躬致意，交谈时要使用敬语，开会时的座位顺序以及谁先坐下都有讲究。

日资企业评价员工的首要标准是对企业忠诚度。个人能力和合作意识并非不重要，只是在评价体系中的权重低于前者。有许多企业界的精英们热衷于在个人简历里堆砌不同公司的经历，似乎自己炒掉的老板和公司越多，个人能力就越强。在日本员工看来，这是职业生涯大忌。虽然终身雇佣制名义上已经取消，但仍然有不少人选择从一而终，很多公司还将不主动裁员作为一个基本准则，如果员工实在太差，就用不加薪的方法来传递信息。跳槽不是不可以，而是不能太频繁，并且在下一次应聘时要给出令人信服的理由。因为在日本企业家眼中，一个对以前公司弃若敝屣的人，绝对不值得信赖。

日资企业的文化可以体现在以下几点：

（1）待人接物很重要

在和日本人打交道的时候，要特别注意他们的感受。这一点也体现在日资企业文化中，他们喜欢把话说得很委婉，尽量保留自己的情绪，但实际上他们会很在意你待人接物的方式。有时候他虽然说“不要紧”“没有关系”之类的话，但其实你可以从他的表情神态和说话的口气中揣摩到他的真实心情是怎样。在和日本上司在一起共事时，你只能去提醒他，而不是很直白地说，还要注意多给他提供相关信息。

（2）注重日常沟通

日资企业文化外柔内刚，严谨有序。日资企业更青睐“听话”的员工。中规中矩、按部就班、谦虚谨慎的员工更受日资企业的欢迎。日资企业文化中有一条很有特色：“汇报、联系、商量”，在日文中，取这三个词的第一个字，称为“HOURENSOU”，它的发音与日文“菠菜”的发音相同，这就是所谓的“菠菜主义”。日资企业文化“菠菜主义”的核心是要求员工眼中有活、话中有蜜，不管是不是自己的事，举手之劳能够办到的事要主动帮助，不能视而不见。被称为“菠菜精神”的日常沟通则强调了三种沟通方式：①及时报告，向你的上司及时报告，及时把工作进展、想法随时报告给上司，让上司知道你在做什么；②及时联系，你要清楚和你平级的其他同事在做什么，或者你在做什么也告诉他们，使大家知道彼此都在做什么；③及时商量，当你有困难的时候要去找上司或同事商量，就是借助他人智慧解决你的问题。能做到这三点你的沟通就没有问题了，否则，即使你每天都在努力地工作，没有把你在做什么、怎么想及时报告给你的上司，工作效果可能并不会好。

（3）不因自己而给他人带来麻烦

日本人处处留心，时时注意，就是因为他们的为人处世的原则是——不能因为自己的过失而给他人带来麻烦。举个例子，在日资企业工作，如果你要请假，不仅要提前向上司请假，也不要忘了，你还要向你的同事表示歉意和感谢，因为由于你的空缺，你的同事不得不顶班，做原本不需要他做的事情。

（4）严谨的工作作风

日资企业严谨的工作作风体现在各个方面。如在有些企业，就连员工上下班的控制形式也像上课一样打铃，而不是比较轻松的音乐方式，据说目的在于“使大家都绷得很紧”有利于工作。确实，这种严谨的工作作风对维护公司制度起到了很大的作用。日资企业严谨的工作作风在企业日常运作中还能减少失误率，在开始各项工作之前一定要把计划做细，工作计划从年计划工作目标、季计划工作重点到月计划工作目的和周计划甚至到日计划，还要考虑到各种突发事件及带来的相应工作计划的调整等，问题要考虑全面，在老板没有异议时围绕工作的主线严格按照计划去执行，这是效仿日本人的对工作的执着敬业，老板对有敬业精神的员工也会表现出很大程度的支持。

（5）人性化

日资企业具有很强的凝聚力，“和为贵”是企业文化的核心。在这一点上，是受了中国儒家文化的熏陶。他们管理严格，但为了让员工能更努力地工作，也尽力在企业中营造出家的氛围。众所周知的终身雇用制、企业工会，都是人情味的表现。员工过生日、结婚，都能收到公司的祝福。日资企业的福利相当好，红利、津贴就不必说了，公司还兴建游泳池、体育馆，不定期举办一些健康咨询、心理培训方面的活动。正是这一点一滴的关爱，让每一位员工都深切地感受到“公司就是我的家”。同样，正因为员工把公司当成了自己的家，从而产生了强烈的归属感和主人翁意识。同时，公司在组织架构中有意识地设置了许多层级，使每个员工都有下一步努力的方向，从而调动了员工努力向上的积极性。

3.2.2 不同企业文化现象的分析与比较

不同国家来华投资的企业，其文化并非完全不一样，在一定程度上有不少共同点，比如，德资企业工作作风非常严谨，而这也是不少日资企业文化中的重要组成部分。同一个国家的企业，其文化也会各有特色，并非完全相同。每个企业都有其独一无二的企业文化，如同每个人都有他与众不同的个性一样，这和企业的投资国家没有绝对的关系。比如，欧美企业虽然都基本使用英语作为工作语言，但每一个欧美企业的企业文化都不尽相同。

每个公司有每个公司在员工责任、上下级关系、沟通、容忍失误、授权等方面不同的信仰，因此公司的文化也各不相同。有些跨国公司总部十分强势，关键性的决策都由全球总部制定，区域主要负责贯彻总部的决定。有的公司崇尚分权制，总部十分精简，大部分权力都下放到区域，鼓励区域根据本地市场发挥能动性。这种安排既是制度，又是文化。没有绝对的对错，只有是否能够实现公司的可持续发展。

外企文化很大的一个共同点是开放。不能绝对地认为所有的外企都是开放的，每个企业开放的程度不同。开放，意味着表达意见直接、不婉转迂回；意味着更关注本质而不是现象；同事之间信任程度高，可以公开信息。外企开放的文化也许和他们直接的沟通方式有很大的关系，也与公司发展需要相关。闭塞、相互提防的文化必然会降低组织沟通和运行的效率。开放的组织文化能够保证信息流通顺畅，提高沟通的效率和效果。

此外，外企文化中的另一个主要的共同点是乐于分享。乐于分享和外资企业的开放性文化特征有一定的关系。比较开放的氛围，创造出乐于分享的特征。在公司里，即使竞争无处不在，同事之间也十分乐意分享相关的资料。通过召开某个主题的工作坊（Workshop）等形式，来分享最佳的做法、个人经验和创新立意等。很多人会就一个话题争着进行分享自己的经验，互相激发思考，进行头脑风暴。

以下是就一些企业文化在企业内部的具体表现形式进行分析和比较，这些比较都只是相对的，企业文化及其现象特征都是一个永远值得探讨和研究的话题。因为，企业文化是随着社会文化、经济等各方面的发展而相应发展的，没有哪一种企业文化是一成不变的。

1. 办公室

欧美企业的办公室宽敞、安静。每个部门经理都有独立的办公室、玻璃门。员工与经理沟通时多在经理办公室进行。员工的办公桌较多采用屏风桌，每人一个相对独立、相对开放的工作空间，与其开放和分享的企业文化比较吻合。

日资企业整个公司均是全透明的办公，没有任何隔断。前后左右全是人，部门经理也不例外，一般只有总经理才有独立的办公室。

现在不少国企和民企里，总经理和部门经理都有相应单独的办公室，而员工办公多采用隔断式的屏风桌，体现出公司崇尚开放和分享的企业文化。

2. 着装

欧美企业的员工着装相对随意，不要求统一着装，基本上以商务休闲装为主，有些公司周五甚至可以穿牛仔裤。但着装不可以过分休闲和暴露，这应该是各个企业着装的共同禁忌。部分企业给员工发服装费。

日资企业全部穿统一制服，从总经理到员工都着一样的制服，部分日资企业的男女员工制服颜色有区别。无论在哪个岗位、职务穿着一样的衣服，这也体现了日资企业对员工忠诚度和纪律性要求较高的特征。

3. 加班

在不同企业加班都有加班费，但必须是由公司认可的加班时间。换句话说，加班也是要被批准的，否则是没有加班费的。有些公司里，一定级别以上的员工就没有加班费了，因为高层员工的工资相对较高，工作责任也相应较重，无法估计的加班时间在年薪中已经体现。

4. 关于工作时的休息

在欧美企业，员工在工作时，需要稍微调剂休息一下的自由度相对大些，例如给朋友打打电话，聊几句，或者站起来稍作运动后继续工作。当然，去洗手间或茶水间是十分常见的休息方式。

日资企业的员工如果需要在工作时间休息一下，一般会去卫生间待着，在那里透透气；或者给朋友发 E-mail；或者盯着计算机屏幕坐着，像工作一样地在休息。外资企业中午的休息时间长短不一，一般都不是很长，一个小时左右，有些日资企业的午餐时间约半小时。

5. 打电话

欧美企业的员工上班时间打公务电话与私人电话时的声音一样高，因为工作忙，所以不大可能有时间与闲心去打私人电话。

日资企业员工基本不打私人电话。如个人有紧急事务处理，会压低声音速战速决。但打公务电话时声音会提高八度。

6. 团队氛围

欧美企业每年会有团队建设费这样的预算，部门经理有建设团队的权利与义务。部分日资企业没有此项预算，但团队聚会的频率和费用还是因公司不同而异。因为每个企业的文化和经营理念不同，团队聚会的主题也略显不同。

7. 人员费用控制

欧美企业非常注重员工培训，每年员工培训费的预算都非常多，一般请专门培训公司或由员工自行选择培训项目后报销。日资企业也重视员工培训，但希望培训费用能比较低成本，会邀请公司的资深员工和外部培训师共同执行员工培训。相对来说，民营企业因创业初始，各项管理体系都在形成中，一般培训体系不是很完善，在这方面稍微迟缓些。

8. 工作主动性

欧美企业鼓励员工创造性，希望每个人主动去改善工作，在犯错中去学习与成长。日资企业希望员工听话，不要做任何决策，一切都向上级汇报，由上级来决定。哪怕明知上级做出了错误的决定，日资企业的员工也会很快去执行。国营和民营企业应该是欧美和日资企业的结合体，执行度和创新性都很重要，但是前者是确保后者的基础。

3.3 习题

1. 实践题

每个企业都有自己专属的企业文化及其核心价值观，通过网络或图书馆查阅有关资料，找出 1～2 家企业的企业文化并进行简要分析。

2. 思考题

如果你毕业后自主创业，成立了属于自己的公司，运行了一段时间发现员工难招、难管、难留，责任心不强，要求越来越高，不愿吃苦，不愿加班。做事拖拉、抱怨、消极，在面对失误时总是找一大堆借口，让你觉得他没做好有很多理由。企业团队的执行力如生锈一般，迟钝无力，简单的任务都完成得一团糟。

请问，你觉得为什么会出现这种情况？如何能改善这种状况？是以身作则，奔赴现场，亲自解决各个难题，还是有什么更好的长远大计？

第 4 章　职场礼仪与沟通

4.1　职场礼仪

课堂活动设计——零距离职场礼仪。

【活动目标】

1）使学生认识到职场礼仪，遵循一定的礼仪规范。

2）使学生能够正确地应用职场礼仪。

3）提升学生的职业素养，完善自己的形象。

【活动流程】

1）站在讲台上自我介绍。

2）零距离职场礼仪。

3）以小组为单位，分别以社交场合和公务场合为背景练习得体的称呼。

4）两人一组训练标准握手姿势，并能说出握手的禁忌。

5）两人一组训练双手递接名片，注意动作要领、表情和语言。

6）以小组（6 人）为单位，演示商务会议中的交谈。注意从交谈的内容、语言技巧和禁忌等方面综合演示。

【思考题】

1）人事部门经理或总经理在对你进行面试时，你应该注意哪些礼仪和综合表现？

2）高中同学在一起聚会，你作为本次同学聚会的发起人和组织者，该如何介绍与会的同学？

中国素以“文明古国”“礼仪之邦”著称。礼仪的本质是通过某些规范化的行为表示人与人之间的真诚、尊重、敬爱、友好、体谅，是人的社会关系的体现。职场礼仪是指人们在职业场所中应当遵循的一系列礼仪规范。学会这些礼仪规范，将使一个人的职业形象大为提高。职业礼仪包括仪态礼仪、着装礼仪、商务礼仪和社交礼仪，每一个职场人都需要树立塑造礼仪，维护自我职业形象的意识。

4.1.1　仪态礼仪

仪态是指人的身体姿态和风度，主要指人的动作、姿态和精神状态。所谓“仪态大方”是一个人的外在和内在的统一体现。可以这么说，仪态是一个人精神面貌的外在体现，是人的体与形、动与静的结合。

一个人的仪态包括他的所有行为举止：正确的站姿、优美的坐姿、雅致的步姿、恰当的手势、真诚的表情等。在现实生活中，人们正是通过身体的种种不同姿态的变化来完成自己的各项活动。所以，养成良好的姿态，是体现仪表美的重要内容。

1. 站姿

交往中的站姿，要求做到“站有站相”。“站如松”的意思是站得要像松树一样挺拔，同时还需注意站姿的优美和典雅。注意男女站姿的不同美感：女性应是亭亭玉立，文静优雅；男性应是刚劲挺拔，气宇轩昂。

（1）正确的站姿

站立是人们生活、工作、交往中的一种基本的姿态。正确标准的站姿是一个人身体健康、精神饱满的体现，也是培养优美的仪态的起点。

正确的站姿应是：端正、庄重，具有稳定性。站立时，竖看有直立感，即以鼻子为中线的人体应大体成直线；横看要有开阔感，即肢体与身段应给人以舒展感；侧看要有垂直感，即从身与颈相接处，后脑勺、肩、臀、小腿肚、脚跟成一直线，给人挺直、高的感觉；表情要自然明朗。

（2）站姿禁忌

站立时，不可以弯腰驼背，探脖，耸肩，挺腹，双手叉腰，也不可以将双腿叉开过大，双脚随意乱动，或随意挟、拉、靠、倚等。这些不雅的站姿会给人以懒惰、轻薄、不健康的印象，应当禁止。

2. 坐姿

坐姿是人际交往中重要的人体姿势，它反映的信息也非常丰富。端庄优美的坐姿，会给人以文雅、稳重、自然大方的美感。

（1）坐姿的基本要求

优美的坐姿表现出端庄、自然、大方、舒适。正确的坐姿规范是：入座时，要走到座位前面再转身，转身后右脚向后退半步使腿肚贴到椅子边，然后轻稳坐下；入座后，上体自然坐直，双肩平正放松，立腰、挺胸，两手放在双膝上或两手交叉半握拳放在腿上，亦可两臂微屈触在桌上，掌心向下。两腿自然弯曲，双脚平落地上，双膝应并拢或稍稍分开，但女士的双膝必须靠紧，两脚平行，臀部坐椅子的 2/3 或 1/2。男士可坐满椅子，背轻靠椅背双目平视，嘴唇微闭，微收下颌，面带笑容。

（2）杜绝不良的坐姿

不良的坐姿不仅不美，而且会影响身体发育与形体的美。生活中看到窈窕淑女翩然而至、轻抹裙摆款款入座的景象，是一种莫大的享受；也会看到不修边幅的人脚下踢得叮当响、轰然瘫坐在椅子里的现象，让人不免反胃。因此要坚决避免以下不良坐姿。

1）就座时前倾后仰，或是歪歪扭扭，脊背弯曲，耸肩探头。

2）两腿过于叉开或长长地伸出去，萎靡不振地瘫坐在椅子上。

3）坐下后随意挪动椅子，跷二郎腿时摇腿。

4）为了表示谦虚，故意坐在椅子边上，身体萎缩前倾地与人交谈。

5）大腿并拢，小腿分开，或双手放在臀下，腿脚不停地抖动。

6）就座时，脚尖相对或跷起，双脚踝部交叉半脱鞋，两脚在地上蹭来蹭去。

7）不停地玩手中的东西，如饰品、戒指等。

8）女士入座时，露出衬裙。

3. 走姿

从现代礼仪角度看，正确而富有魅力的走姿犹如一首动人的抒情诗。巴黎的女性是走路的天才，不管她们身材高矮及穿着如何，由于具有优美的走姿，都可以展现自己绰约的风姿。中国古代强调“行如风”，就是要求人在行走时，要行得正确、优美、轻盈，有节奏感，给人以美感。生活中，如何正确地使用标准走姿是给人留下美好印象的关键之一。因此，学习规范的走姿是很有必要的。

（1）走姿的基本要求

标准的走姿要以端正的站姿为基础。要求行走时头部端正、胸部挺起、收腹立腰、上体正直，双肩平稳、双目平视、下颌微收、面带微笑。起步时，身体稍向前倾，手臂伸直放松，手指自然弯曲，双臂以肩关节为轴向前、向后自然摆动，上臂带动前臂以前摆 35°后摆 30° 为宜，肘关节略弯曲，前臂不要向上甩动；上体稍向前倾，提臀收腹，大腿带动小腿向前迈；正常的行走，脚印应是正对前方，保持膝关节和脚尖正对前进的方向；然后脚尖略抬，脚跟先接触地面，依靠后腿将身体重心推送到前脚脚掌，使身体前移；行走线迹要成为“一条线”或“两条平行线”。正常步幅约一个脚长，即前脚脚跟与后脚脚尖相距为一个脚长（性别和身高不同会有一定差异）；步高（指行走时脚抬起的高度）不宜过高，也不宜过低。

行走时，男女的步态风格应有区别：男士的步履应雄健、有力、潇洒、豪迈，步伐稍大，展现出刚健、英武的阳刚之美；女士的步履应为轻捷、蕴蓄、娴雅、飘逸，步伐略小，展示出温柔、娇巧的阴柔之美。要切记：男不扭腰，女不扭臀。停步、拐弯、侧行、转身、上下楼梯时，应从容不迫，要采用合理的途径，控制自如，体现步伐的规范和优美。

（2）注意矫正不良的走姿

走路最忌内八字步和外八字步；其次忌弯腰驼背，歪肩晃膀。走路时不可大甩手，扭腰摆臂，大摇大摆。行走时不能东张西望，如需张望或回望，应转动头部，而不要用眼珠斜视。双腿不要过于弯曲或走曲线；步子不要太大或太小；不要脚蹭地面、双手插在裤兜或后脚拖在地面上有气无力地行走。男士的走姿应注意不要一步一挪，不要迈八字步。以上不正确的走姿，都会影响一个人的举止，应及时矫正。另外，背手、叉腰等不雅走姿有失风度，也要克服。

4.1.2 着装礼仪

着装礼仪也称服饰礼仪，就是要注意场合，穿戴得体。职场的服饰礼仪不是注重美观，而是强调合适。穿对了才是最主要的服饰要求，而并不是追求如何漂亮。在不同的场合应该选择合适的服装，以此来体现自己的身份、教养与品位。一般而言，人们所涉及的场合一般有三种：公务场合、社交场合、休闲场合。

所谓公务场合是指执行公务时涉及的场合，它一般包括在办公室、谈判厅里及外出执行公务等情况。公务场合着装的基本要求为庄重保守，宜穿套装、套裙，以及穿着制服。除此之外还可以考虑选择长裤、长裙和长袖衬衫。不宜穿时装、便装。必须注意，在非常重要的场合，短袖衬衫不适合作为正装来选择。

所谓社交场合是指工作之余在公众场合和同事、商务伙伴友好地进行交往应酬的场合。虽然这些场合不是在工作岗位上，但往往面对的是熟人。社交场合着装的基本要求为时尚个性，宜着礼服、时装、民族服装。必须强调，在这种社交场合一般不适合选择过分庄重保守的服装，比如，穿着制服去参加舞会、宴会、音乐会，就往往和周边环境不大协调了。

所谓休闲场合并不等于休息，这里的休闲是指在工作之余一个人独处，或者在公共场合与其他不相识者共处的时间。休闲场合着装的基本要求为舒适自然，换言之，只要不触犯法律、不违背伦理道德、没有碍他人的身体安全，那么穿着打扮完全可以听凭个人所好。一般而论，在休闲场合，人们适合选择的服装有运动装、牛仔装、沙滩装及各种非正式的便装，如 T 恤、短裤、凉鞋、拖鞋等。在休闲场合，如果身穿套装、套裙，往往会贻笑大方。

1. 女士篇

职业女性的着装仪表必须符合她本人的个性、体态特征、职位、企业文化、办公环境、志趣等。女性的穿着打扮应该灵活有弹性，要学会怎样搭配衣服、鞋子、发型、首饰和化妆，使之完美和谐。最终被别人称赞的，应该是得体大方，而不是说衣服好看或鞋子漂亮。除了正式场合，并非一定要穿着职业套装。目前许多公司的职业女性日常穿着以商务休闲装为主。整体着装搭配应以一个颜色为主要基调，根据衣服的主色调来选择其他配饰，取得整体协调的感觉。一般来说，整体服饰的颜色不超过三种。

（1）化妆

化妆可以让女性更具魅力，但不宜浓妆艳抹。过度打扮会让人感到做作，过于简单会让人感到随便。总之一个原则，每天的打扮必须要迎合你当天要会见的人，符合他们的身份和专业度，让自己不失体面。白天的会议与晚上的商务活动，所采用的化妆基调和服饰颜色是不同的。一般来说，晚上的妆容可略微靓丽一些，也可用一点香水，但要根据会见客人的风俗文化背景等具体情况而定。

（2）套装、裙子、礼服、夹克

稳重的颜色包括：海军蓝、灰色、炭黑、淡蓝、黑色、栗色、棕色、驼色；一般来说，要避免浅黄、粉红、浅绿或橘红色。重质量轻数量，讲究做工和面料，衣服要合身。采用一些天然面料，如棉、丝、羊毛等。

（3）发型和指甲

职业女性的发型一般以简约大方的发型为主，如果染发，颜色也应选择比较接近头发原有颜色为佳。过于前卫和别出心裁的发型并不适合所有职业场所。头发过长的女性则应将长发束起或盘起，显出职业女性的精干和果断。

在职业女性中，染指甲已经司空见惯了，但指甲油的颜色不应该选得太亮丽，这样会使别人的注意力只集中在你的指甲上，选一些和你口红相配的颜色，有些人喜欢透明色指甲油，这是大众都能接受的颜色。

（4）鞋子

不要把旅游鞋穿进办公室；以中跟或低跟皮鞋为佳；保养好你的鞋，把它擦拭干净。鞋的颜色必须和服装的颜色相配，即鞋子的颜色必须深于衣服颜色。如果比服装颜色浅，那么必须和其他装饰品颜色相配，或者有一定的季节性。黑色永远是最安全的颜色。

（5）首饰和装饰品

职业女性希望表现出她们的聪明才智、能力和经验等，所以要戴首饰就必须是佩戴简单首饰。耳环是很重要的首饰，但不宜太长太大。不要带摇摆晃动的耳环或一走路就会发出声响的项链（特殊的活动或晚宴视具体情况而定）。手提包款式要略微简约些，不要塞得过满。如整体衣服颜色以黑、白、灰为主，则皮包、围巾颜色可以亮一些。

（6）衬衣

带领子的衬衣是职场女性的首选，这样会让你带点职业的权威性；脖子长的女性不适合穿 V 领衬衫，衬衫领子一定不能太大。一般衬衫以纯色为主，也可以买一两件花色衬衣来搭配较为沉闷的西服外套为宜。体型较丰满的女性最好穿一身颜色一样的服饰。

2. 男士篇

西装具有造型优美、做工考究、四季皆适等特点，为国际国内许多正式场合男士穿着的服装。一套合体的西装，可以使穿着者显得潇洒、精神、风度翩翩，极有魅力，所以多年来流行不衰，深得各国各界人士的喜爱。人们常说：“西装七分在做，三分在穿。”西装的穿着十分讲究，除了挺括清洁外，穿西装还得符合下列礼仪要求。

（1）穿得合体

西装必须合体，领子应紧贴衬衫领口且低于衬衫领口 1～2 厘米。上衣长度宜于垂下手臂时与虎口相平，袖长至手腕，胸围以穿一件厚“V”字领羊毛衫后松紧度适宜为好。上衣的下摆与地面平行，裤子要烫出裤线。裤长以裤脚接触脚背为妥。

（2）穿好衬衫

衬衫领子要挺括，尤其领子和袖口处不能有污垢、油渍。衬衫的下摆要塞在裤腰里，系好领扣和袖扣。衬衫的衣袖要长于西装上衣袖子 1 厘米左右，这样可以用衬衫衬托西装的美观，显得活泼而有生气。衬衫里面的内衣领和袖口不能外露，否则，会显得不伦不类，很不得体。

（3）系好领带、领夹

西装领间的“V”字区最为显眼，领带处于这个部位的中心，被称为西服的“灵魂”。领带与西服的和谐统一，对西装的穿着起着至关重要的作用。凡是正规场合，穿西装必须系领带。领带的色彩、图纹，可以根据西装的色彩配置，以达到相映生辉的效果。领带的长度、宽度要适中。领带的长度一般为 130～150 厘米，系好领带后以其大箭头正好垂到皮带扣上端处为标准。领带的宽度应与西装翻领的宽度相协调。领带的领结要饱满，与衬衫的领口吻合要紧凑。领带夹一般是用来固定领带的，不能露在衣服外面用来夹上衣的领子。西装系纽扣时，领带夹应夹在衬衫第二粒与第三粒纽扣之间为宜；西装敞开时，领带夹应夹在衬衫第四粒与第五粒纽扣之间为好。穿羊毛衫时，领带应放在羊毛衫内。非正式场合穿西装不系领带时，衬衫的第一粒纽扣要打开。

（4）系好纽扣

西装有单排扣、双排扣之分。双排扣西装一般要求把纽扣全部扣好，不可以把全部纽扣都打开。单排扣三粒纽扣的可系中间一粒，两粒纽扣的可系上面一粒、下面一粒不系或全部不系。在较正式场合，一般要求把上面的纽扣系上，在坐下时可解开。

（5）用好口袋

西装衣袋的整理十分重要，上衣两侧的两个衣袋不可装东西，不然会使上衣变形。西装上衣胸部的衣袋可以装折叠好花式的手帕。有些物品可以装在西装上衣内侧衣袋里，如票夹、日记、笔、名片、香烟和打火机等。裤袋也和上衣袋一样，不可装物，以求臀围合适，裤型美观。

（6）穿对鞋袜

穿西装一定要穿皮鞋，而不能穿旅游鞋、轻便鞋、布鞋及露脚趾的凉鞋。袜子起衔接裤子和鞋的作用。穿西装时，袜子的色彩应与裤子、鞋同类色或较深的颜色，穿色彩鲜艳的花袜显得不正式。男士宜穿中长筒袜子，这样坐着谈话时不会露出皮肤。

（7）整体协调

男士西装有两件套、三件套之分，正式场合应穿同一面料、同一颜色的套装，颜色以深色为好，内穿单色衬衫，最好是白色衬衫。三件套西装在正式场合不能脱下外衣。无论男女着西装时，西装的袖口和裤边不能卷起，西装袖口上的商标一定要拆掉。

4.1.3 商务礼仪

1. 电话礼仪

随着科学技术的发展和个人生活水平的提高，电话的普及率越来越高，人们每天要接、打大量的电话。打电话看起来很容易，只是对着话筒与对方交谈，似乎和当面交谈一样，其实不然。电话联络不仅有着一般口头语言礼仪要求，还有其独特的礼仪要求，这就是“电话形象”。

（1）事先准备充分

打电话应该有明确的目的，不能无故随便拨号，这不仅是因为打电话要付费，而且是对他人是否尊重的问题。即使你不计较电话费，也要想到你的电话毕竟打扰了对方，占用了人家的时间。

打电话前应弄清对方的电话号码、姓名、单位名称等基本信息，并准备好纸笔以备通话时记录使用。拿起听筒前，应明白通话后该说什么，思路要清晰，要点应明确。尤其给陌生者、尊者、上司打电话，更应该有备而谈。如果要谈的内容比较多，应征询对方是否有空，或以商量的口吻另约时间。

电话拨通后，如果铃响三四声后无人接听，不要急于挂电话，要耐心等到七八声后再挂断，避免对方刚好拿起电话时断线。

（2）通话中的礼仪

1）首先报出本人的姓名和单位名称。

为使对方能听清楚，说话节奏应比交谈时稍慢些。建议报出自己的全名。这实际上是一种自我推销的方式，可以使对方加深对你的印象。比如，你可以说：“您好！我是××公司的××。请问王先生在吗？”

2）需要留言时。

如果想留言请对方回电，切记要留下自己的电话号码，这是最基本的礼仪。别忘了告诉对方回电话的最佳时间。在你有可能外出时，记住这一点尤为重要。如果对方是在外地，则最好说明自己将于何时再打电话，请其等候。

3）要问对方此时打去电话是否方便。

对必须在电话中讨论的问题，还应考虑何时打去电话对方更方便。有的公司希望一上班就接这样的电话，以便能有一整天时间可做其他事情。而有的则宁愿在一天工作即将结束的时候再接这样的电话。如果想定期和对方进行这种讨论，应征询对方定在哪一天、哪一个钟点更为方便。这样做，既是为了使对方能定下心来与你从容讨论，同时也是个风度问题。在别人正忙时去电话打扰是很不礼貌的行为。

4）注意自己的语言。

措辞要切合身份，不可太随便，也不可太生硬。称呼对方时要加头衔。聆听时，最好用一些短语以鼓励对方。对对方的要求做出反应或对方提出要求时，态度应积极而有礼貌，比如，“我很高兴您了解了相关信息”或“请别忘了下周一到我公司开会”等。

5）通话时间。

通话时间过长意味着滥用对方的善意。在电话礼仪里，有一条“三分钟原则”。实际上，它就是“以短为佳，宁短勿长”基本要求的具体体现。它的主要意思是：在打电话时，发话人应当自觉地、有意识地将每次通话的长度限定在 3 分钟之内，尽量不要超过这一限定。

6）拨错号码时。

拨错了号要道歉，决不可挂上了之，因为这样是很不礼貌的。道歉的态度要诚恳，话不必多，如可以说：“对不起，我可能拨错号了。”不可盘问对方为什么不是自己要找的人，同时可以询问一下对方的号码，看是不是与自己所拨的号码相同，以免再次拨错。最后，别忘了道声“再见”。

7）如果对方不在。

如果你要找的人碰巧不在，可以选择以下几种应对方式：用“对不起，打扰了，再见”的话直接结束通话、请教方便联系的时间或其他可能的联系方式。

【案例 1】

谢小姐大学毕业后不久在某公司就职，她性格开朗、活泼，朋友非常多，电话自然也很多。谢小姐上班时总要接一些私人电话。接到朋友的电话，谢小姐总是很高兴，常常旁若无人地与朋友谈笑风生，似乎总有说不完的话。可是，她没有觉察到周围同事们那带有责备的目光。

讨论题：为什么周围同事会投来责备的目光？

（3）接电话的礼仪

1）接听电话要及时，在电话铃响两到四声之间接听是最为适宜的。

工作时间接电话时应先报单位名称或部门名称，并问候对方。

例如：

——××公司市场部，您好！

——财务部，您好！

——您好！这里是××公司客服部，请问有什么可以帮您的吗？

如果铃响四声以上才接听，应当说：“对不起，让您久等了。”

2）应答要得体，不可使用嘲笑的、不耐烦的、厌恶的、鄙视的、恼怒的语气和对方说话。切忌接到找别人的电话后先问对方是谁，然后再告诉对方要找的人在不在。这样对方会误以为你是“因人而异”。

替对方叫其他人接电话时，说“请稍等”；转接电话时说：“好，马上为您转接过去，请稍等。”

3）如果对方要找的人不在，可以礼貌地说“××不在，估计××（时间）能回来，您是再打来电话还是留言呢？”

对方如果留言，要准确记录，及时转达，并且为事主保密，不要将留言内容随意传播。

4）遇到对方打错的情况，同样要礼貌应对："我这里是××公司，不是您要找的××公司"或"我这里是市场部，您要找的客服部的分机是×××，不好意思，麻烦您再拨一遍"。不要恼怒地回应一声"错了"然后就"砰"地一声挂断电话。

5）电话旁边要放置记录本和书写流畅的笔，随时记录接听电话的要点，包括：来电人单位、姓名（或姓氏）、性别、通话内容要点、是否需要回复、需要回复的内容、回复的时间要求、回复电话的号码（包括分机号码）等。如果条件允许，最好使用有来电显示功能的电话，这样在忘记问对方电话号码的情况下能够方便查找。

6）在通话结束之前，要与对方重复确认所记录的要点（如时间、地点等关键信息），及时纠正信息记录中的疏漏。

7）通话过程中如果线路突然中断，应耐心等候打电话的一方再拨来电话。

8）需要结束通话时，应等打电话的一方提出结束通话的意向，然后双方明确地以"再见"作为结束语客气地道别，等打电话的一方挂断电话后，再轻轻挂上电话。

9）长时间不在办公室时可以使用录音电话功能："您好！这里是××公司××部，听到提示音后请留言，或者拨打××秘书手机×××××，谢谢！"

【案例 2】

张洁是海潮公司新聘的前台接待人员。这天一大早，张洁正在忙着手里的活，突然电话响起来了，张洁拿起电话说："您好，这里是海潮公司，请问您找谁？"当发现对方打错电话时，她的语气一变，说了句"打错了"便挂了电话。不久，电话又响起来了，她接起电话，发现还是之前那个人打来的，便提高了声音说："不是告诉过你打错了吗？怎么还打过来？"不等对方说话，就把电话挂了。没几分钟，电话又来了，还是那个人，张洁火了："你这人怎么回事，告诉你打错了还打过来，烦不烦啊，不要再打了，这没你要找的人！"

【案例分析】 在实际工作过程中会经常遇到上述情况。接待人员代表的是公司形象，无论对方是否打错、打错几次，都不能发脾气，而应客气地告诉对方"我这里的电话是××，您看是不是打错了？"这样对方才不至于多次打错电话影响到你的工作。

2. 会议礼仪

会议礼仪，是召开会议前、会议中、会议后及参会人应注意的事项，懂得会议礼仪对会议精神的执行有较大的促进作用。在准备会议之前，首先要明确会议的目的是什么？是要传达上层决策者的精神、策略，还是为了解决某个具体的问题或危机？不管具体的目标如何，召开会议的基本目的都是传达并贯彻所要执行的经营方针，使各个部门的经营策略与公司目标协调一致，群策群力，找到解决问题的最佳方案。

（1）会议准备

现代化的会议离不开各种辅助器材，在召开会议之前，就应该把各种辅助器材准备妥当。桌椅是最基本的设备，可以根据会议的需要摆成圆桌型或报告型，如果参加会议的人数较多，一般应采用报告型，不需要准备座位牌。如果参加会议的人比较少，一般采用圆桌型，并且要制作座位牌，即名牌，让与会人员方便就座。会议上的茶水饮料最好用矿泉水，因为每个人的口味不一样，有的人喜欢喝茶，有的人喜欢喝饮料，还有的人喜欢喝咖啡，所以如果没有特别的要求，矿泉水是最能让每个人都接受的选择。

签到簿的作用是帮助了解到会人员的多少，分别是谁，一方面使会议组织者能够查明是否有人缺席，另一方面能够使会议组织者根据签到簿安排下一步的工作，比如就餐、住宿等。印刷名册可以方便会议的主席和与会人员尽快地掌握各位参加会议的人员的相关资料，加深了解，彼此熟悉。

在有的场合，与会人员需要在黑板或者白板上写字或画图，从而说明问题，虽然视听设备发展得很快，但是传统的表达方式依然受到很多人的喜爱，而且在黑板或白板上表述具有即兴、方便的特点。投影仪、幻灯机、录像机、镭射指示笔或指示棒等视听设备，给人们提供了极大的方便。在召开会议前，必须先检查各种设备是否能正常使用，如果要用幻灯机，则需要提前做好幻灯片。录音机和摄像机能够把会议的过程和内容完整记录下来，有时需要立即把会议的结论或建议打印出来，这时就需要准备一台小型的影印机或打印机。

如果会议属于业务汇报或者产品介绍，那么有关的资料和样品是必不可少的。比如在介绍一种新产品时，单凭口头泛泛而谈是不能给人留下深刻印象的，如果给大家展示一个具体的样品，结合样品一一介绍它的特点和优点，那么给大家留下的印象就会深刻得多。

（2）座次排定

1）环绕式。就是不设立主席台，把座椅、沙发、茶几摆放在会场的四周，不明确座次的具体尊卑，而听任与会者在入场后自由就座。这一安排座次的方式与茶话会的主题最相符，也最流行。

2）散座式。散座式排位，常见于在室外举行的茶话会。它的座椅、沙发、茶几四处自由地组合，甚至可由与会者根据个人要求而随意安置。这样就容易创造出一种宽松、惬意的社交环境。

3）圆桌式。圆桌式排位，指的是在会场上摆放圆桌，请与会者在周围自由就座。圆桌式排位又分下面两种形式：一是适合人数较少的，仅在会场中央安放一张大型的椭圆形会议桌，而请全体与会者在周围就座；二是在会场上安放数张圆桌，请与会者自由组合。

4）主席式。这种排位是指在会场上，主持人、主人和主宾被有意识地安排在一起就座。

（3）发言礼仪

会议发言有正式发言和自由发言两种，前者一般是领导报告，后者一般是讨论发言。正式发言者，应衣冠整齐，走上主席台应步态自然，刚劲有力，体现一种成竹在胸、自信自强的风度与气质。发言时应口齿清晰，讲究逻辑，简明扼要。如果是书面发言，要时常抬头扫视一下会场，不能低头读稿、旁若无人。发言完毕，应对听众的倾听表示谢意。

自由发言则较随意，但要注意，发言应讲究顺序和秩序，不能争抢发言；发言应简短，观点应明确；与他人有分歧，应以理服人、态度平和，听从主持人的指挥，不能只顾自己。

如果有会议参加者对发言人提问，应礼貌作答，对不能回答的问题，应机智而礼貌地说明理由，对提问人的批评和意见应认真听取，即使提问者的批评是错误的，也不应失态。

（4）参会礼仪

作为职场中人，在公司里一定要养成顾全企业大局的习惯。除开公司和部门内部的会，职场人士也有机会参加其他一些公司以外的会议，因此，在参加会议之前，要做好准备。

开会前，如果你临时有事不能出席，必须通知对方。参加会议前要多听取上司或同事的意见，做好参加会议所需资料的准备。

开会的时候，如果让你发言，发言应简明扼要。在听其他人发言时，如果有疑问，要通过适当的方式提出来。在别人发言时，不要随便插话，破坏会议的气氛，开会时不要说悄悄话或打瞌睡，没有特别的情况不要中途退席，即使要退席，也要征得主持会议的人同意。要利用参加会议的机会，与各方面疏通，建立良好的人际关系。

会议参加者应衣着整洁，仪表大方，准时入场，进出有序，依会议安排落座，开会时应认真听讲，不要私下小声说话或交头接耳，发言人发言结束时，应鼓掌致意，中途退场应轻手轻脚，不影响他人。

（5）主持礼仪

各种会议的主持人，一般由具有一定职位的人来担任，其礼仪表现对会议能否圆满成功有着重要的影响。

1）主持人应衣着整洁，大方庄重，精神饱满，切忌不修边幅，邋里邋遢。

2）走上主席台应步伐稳健有力，行走的速度因会议的性质而定。

3）入席后，如果是站立主持，应双腿并拢，腰背挺直。持稿时，右手持稿的底中部，左手五指并拢自然下垂。双手持稿时，应与胸齐高。坐姿主持时，应身体挺直，双臂前伸。两手轻按于桌沿，主持过程中，切忌出现搔头、揉眼、抖腿等不雅动作。

4）主持人言谈应口齿清楚，思维敏捷，简明扼要。

5）主持人应根据会议性质调节会议气氛，或庄重，或幽默，或沉稳，或活泼。

6）主持人对会场上的熟人不能打招呼，更不能寒暄闲谈，会议开始前，可点头、微笑致意。

3. 敲门礼仪

敲门事小，学问却大，尤其是在职场，除了自己的办公桌区域外，要进入任何地方，都需要得到允许。如果是进入一个封闭性的环境，如上级的办公室、会议室等，那就需要敲门，得到允许后方可入内。这是对他人基本的尊重。

（1）敲门的技巧

1）敲门的频率。

敲门时敲三下要停顿一会儿，等有无人应声开门；不行再敲，但不要一直敲不停。倘若门里无回应，可问一声：“请问某某在吗？”敲门的节奏建议一般敲三下，相当于“有人吗”“我可以进来吗”的意思。敲门间隔为 0.3～0.5 秒，太快会让人感觉心烦，太慢会让人感觉散漫不自信。敲两下，表示自己与对方比较熟悉，相当于说“你好”“我进来了”的意思。如果敲四下以上，则是很不礼貌的行为。

2）敲门的强度。

力度大小应适中，要坚定并有一定力度。力度太大会让人受到惊吓，重敲不仅显得鲁莽没有教养，而且显得对别人不尊重。力度太小让人感觉你胆子太小，紧张过度，而且如果别人无法听见，则无法顺利敲开。

3）敲开门后的礼仪。

敲门进屋，首先应该想到礼貌。无论是上司还是同事为你开门，你都应该说声“谢谢”。如果是上司为你开门，你应该恰当地问好并表示感谢后，按上司示意方向进入室内。待上司回座位后，示意你坐下后方可落座。如办公室门开着，敲门得到允许后进入办公室内，切勿直接走到上司身旁。一般慢慢走进几步，在离他一米左右的地方停住，开始询问和请示。

（2）敲门的常见误区

1）门开着，就不用敲了吗？

敲门视作通报，门关不关不要紧，要紧的是入室须经主人同意。若不敲门、不获准，如何知道主人方不方便、合不合适？若对方正在开会，或者对方走开了不在办公室里，或者对方与人交谈，或者正在通话中，你都不应进入，可在门外等候，过一会儿再进去。如果房门是虚掩或敞开的，不要拉开门探头观看，也不要直冲进去，应当先敲几下房门，这样的意思是:第一，我可以进来吗？第二，我要进来了。待主人允许后才能进去。

2）敲完就可以进了吗？

有些人敲门后，并未得到主人回应及允许，就直接进入，这与没敲门一样无礼。敲门的动作是告知屋内的主人“我有事要进来，可以吗？”那么，一定要等到主人说“请进”方可入内。试想，敲门就是为了表达对他人的尊重，避免打扰到别人或引起尴尬，那么如果没有回应就进去则意味着不请自到，敲门只是走个形式，那么又怎么能起到敲门应该有的作用呢？

3）敲了几次没人应答，继续敲？

听到办公室内有说话声音或者确定要找的上司在室内，经过 3 次以上力度适中的敲门，如果仍然没有听到同意进入的应答声，应暂时停止敲门，不可继续敲。有些人会认为，我找你有工作要汇报，自然是要敲到门开为止。其实，这也是礼仪中的禁忌。假设你的上司正在接待客人，或者在接一个十分重要的国际长途电话，那么你锲而不舍的敲门声真的会打扰到他们，或者还会因此损失一笔很重要的生意。因此，切不可忽视任何一次小小的敲门。

【案例 3】 任何时候都要敲门吗？

小王是今年新到公司的员工，办事积极，干劲十足，常常得到经理的表扬。一天上午，经理打电话让他送份文件过去，他以最快的速度找到文件，飞快地来到经理的办公室门口。由于小王早就准备好了这份文件，从他接到电话到来到经理的办公室门口，一分钟都没到呢！他看到经理的门敞开着，“估计就是在等我呢！没想到我能这么快吧？”他心里有点小小的得意，为自己早就料到经理需要这份文件而暗自窃喜。他一个箭步冲进经理办公室，大声说道：“经理，你要的文件！”可是，他看到的是经理正在和一位女士谈得热火朝天的场景，两个人立刻停止了谈话，错愕地看着小王。经理满脸的笑容在他出现后消失了，然后十分冷淡地说了句“放那儿吧！”小王放下文件后，不知所措地往外走，隐约听到那位刚刚还笑意盈盈的女士在轻轻抱怨着什么。这时，小王觉得自己好像做错什么了……

【案例思考】 请问小王做错了吗？如果你是小王，你会怎么挽回这个局面呢？

4. 电梯礼仪

电梯虽然很小，但是在里面的学问不浅，在职场行走，难免需要和别人一起搭乘电梯，因此电梯礼仪也非常重要，能从细节看出人的道德与教养。并非只在会场和办公室里需要举止优雅，大方得体，在电梯也一样有礼仪规则要遵守。

以下为电梯礼仪中的一些基本要点：

1）一个人乘坐电梯时，也要保持应有的站姿，如在接电话，声音也不能太大。

2）陪同客人或长辈来到电梯厅门前时，应先按电梯按钮；电梯到达门打开时，可先行进入电梯，一手按开门按钮，另一手按住电梯侧门，请客人们先进；进入电梯后，按下客人要去的楼层按钮；行进中有其他人员进入，可主动询问要去几楼，帮忙按下。电梯内尽可能侧身面对客人，不用寒暄；到达目的楼层，一手按住开门按钮，另一手做出请出的动作，可说："到了，您先请！"客人走出电梯后，自己立刻步出电梯，并热情地引导行进的方向。

3）上下班时，电梯里面人非常多，先上来的人，要主动往里走，为后面上来的人腾出地方，后上的人要视电梯内人的多少而行，当超载铃声响起，最后上来的人主动下来等下一趟。如果最后的人比较年长，新人们要主动地要求自己下电梯。

4）与客人乘坐电梯的礼仪：必须主导客人上下电梯。首先必须先按电梯按钮，如果只有一个客人，可以以手压住打开的门，让客人先进。如果人数很多，则应该先进电梯，按住开关，先招呼客人，再让公司的人上电梯。出电梯时刚好相反，按住开关让客人先出电梯，自己才走出电梯。

5）与上级乘坐电梯的礼仪。

出入电梯时要绅士。

a. 电梯是公众场合，在遇见上司时，你表示的热情要适度，礼貌地道声"您好！"就可以了，不要嘘寒问暖说个没完。

b. 出入有人控制的电梯，你应后进去后出来，让上司先进先出。把选择方向的权利让给地位高的人或客人，这是一个基本规则。当然，如果上司初次光临，对地形不熟悉，你还是应该为他们指引方向。

c. 出入无人控制的电梯，你应先进后出并控制好开关按钮。酒店电梯设定程序一般是30 秒或者 45 秒，时间一到，电梯就走。有时上电梯的人较多，导致后面的人来不及进电梯，你应控制好开关按钮，让电梯门保持较长的开启时间，避免给后面的人造成不便。

d. 如果是一趟已经非常拥挤的电梯，那么应该请上司先上，你等下一趟。

e. 如果电梯打开，你发现上司就在电梯里，那么，你应主动对上司问候。身为下属的你最好站在电梯口处，以便在开关电梯时为上司服务；身为上司的他最好自觉地"缩"在对角处，以使得两人的距离尽量最大化，卸下下属心理的负担。

f. 如果上司先下电梯，你应该说一句"慢走"，如果你要先下电梯，你也应该向其打声招呼"我先走一步"。

当电梯里只有你和上司，除了必要的问候，建议你不要随意开口，一般由上司来打破沉默或是发起话题比较好，否则有可能打断上司正在思考的问题。一般不要向上司汇报遇到的难题，可在电梯里说些与老板相关、老板又知之不多的事情，例如客户处新发生的事情。如果上司跟你聊起家常，那你应该表现得积极有热情，或者用上一点幽默，对领导的关心表示感谢。记住，不要在公司电梯里有第三者的情况下与上司谈上司的家事。不管女上司是否严肃，记住在电梯里要对她露出微笑。与男上司相比，女上司更关注你与他人融洽相处的能力，而不是你单枪匹马的业绩。

4.1.4 社交礼仪

1. 称呼礼仪

称呼即称谓，指的是人们在交往应酬时，用以表示彼此关系的名称用语。不论是在口头语言还是在书面语言，称呼对人际交往都十分重要，选择正确、适当的称呼，反映着自身的教养、对对方尊敬的程度，甚至还体现着双方关系发展所达到的程度和社会风尚。因此，称呼万不可马虎大意。在交往中，我们既要注意学习、掌握称呼的基本规律和通行的做法，又要照顾被称呼者的个人习惯，入乡随俗。

（1）称呼方式

1）泛尊称。

这种称呼几乎适合于所有社交场合，对男子一般称“先生”，对女子称“夫人”“小姐”“女士”。应注意的是，在称呼女子时，要根据其婚姻状况，已婚的女子称“夫人”，未婚的女子称“小姐”，对不知婚否和难以判断的，可以称之为“女士”。在一些国家，“阁下”一词也可以作为泛尊称使用。

泛尊称可以同姓名、姓氏和行业性称呼分别组合在一起，并在正式场合使用。比如“迈克尔先生”“艾利克斯夫人”“秘书小姐”等。

2）职务称。

在公务活动中，可以按对方的职务相称。例如，“部长”“经理”“处长”“校长”等。职务性称呼还可以同泛尊称、姓名、姓氏分别组合在一起使用。例如，“李经理”“周校长”等。

对官方人士，如部长以上的高级官员，不少国家可称“阁下”，如“总统阁下”“大使先生阁下”，对有高级官衔的妇女，也可称“阁下”。但在美国等国家没有称“阁下”的习惯，对这些国家的相应人员，应该称“先生”。

3）职衔称。

交往对象拥有社会上受尊重的学位、学术性职称、专业技术职称、军衔和爵位的，可以以“博士”“教授”“律师”“法官”“将军”“公爵”等称呼相称。职衔性称呼还可以同姓名、姓氏和泛尊称分别组合在一起使用，例如，“乔治·马歇尔教授”“卡特博士”“法官先生”等。

4）职业称。

对不同行业的人士，可以以被称呼者的职业作为称呼。比如，“老师”“教练”“警官”“医生”等。对商界和服务业从业人员，一般约定俗成地按性别不同分别称为“小姐”“先生”等。这些职业称呼还可以同姓名、姓氏分别组合在一起使用。

5）姓名称。

在一般场合，在彼此比较熟悉的人之间，可以直接称呼他人的姓名或姓氏。例如，“史密斯”“张志刚”等。

中国人为表示亲切，还习惯在被称呼者的姓前面加上“老”“大”或“小”等字，而免称其名，如“老王”“小张”。更加亲密者，往往不称其姓，而直呼其名，如“志刚”“立波”等。

6）特殊的称呼。

对于君主制国家的王室成员和神职人员应该用专门的称呼，例如，在君主国家，应称国王或王后为“陛下”，称王子、公主、亲正等为“殿下”，有爵位的应称爵位或“阁下”。对神职人员应根据其身份称为“教皇”“主教”“神父”“牧师”等。

除以上常用的称呼外，在交往中，还有以“你”“您”相称的“代词称”和亲属之间的“亲属称”。社会主义国家人民和兄弟党之间，人们还以“同志”相称。

（2）称呼的原则

1）称呼要看对象。

对不同性别的人使用不同的称呼。对姑娘可以称“小姐”“小姑娘”，对男士称呼“先生”“师傅”等。

对不同亲密关系的人使用不同的称呼。如对亲密度很高的人可以称呼小名、绰号等，对亲密度低的人则不行。

称呼不同国籍的人要符合该国的礼仪习惯。

2）称呼要看场合。

一般场合，人们使用的都是与其环境相对应的正式称谓。例如，一位姓陈的先生，在下级向他汇报工作时被称为“陈书记”（他的官衔），朋友和他交往时称“老陈”“陈大哥”，年轻的工人在车间称呼他“陈师傅”，妻子在家里称呼他“当家的”，别人对他不满时会称他“姓陈的”。

3）要与称呼人的身份、地位相称。

例如，一个农民对一位风度翩翩的男士不会称呼“先生”，而只会按照自己的习惯亲热地称呼“大哥”之类。而知识分子和大多数城市人由于社交活动范围广，称呼就会考虑对方的地位、国籍等，并充分考虑称呼人时的场合。

2. 握手礼仪

握手是日常交往的一般礼节，也是现代交际和应酬的礼仪之一，它可以沟通思想、交流感情、增进友谊。握手多用于见面时的问候与致意，也多用于告别时的致谢与祝愿，是世界各国通行的礼节。握手虽是日常生活中司空见惯、看似平常的社交礼仪，从中却可以传递出许多信息。

（1）握手的场合

下列时刻，一般应与别人握手：

1）遇到较长时间未曾谋面的熟人，应与其握手，以示为久别重逢而万分欣喜。

2）在被介绍与人相识、双方互致问候时，应握手致意，表示为相识而感到荣幸与高兴，愿与对方建立友谊与联系。

3）当对方取得很大的成绩或重大的成果、获得奖赏、被授予荣誉称号或有其他喜事时，见面应与之握手以表示祝贺。

4）在自己领取奖品时，应与发奖者握手以表示感谢。

5）向他人表示恭喜、祝贺之时，如祝贺结婚、生子、升学、乔迁、事业成功或获得荣誉、嘉奖时，应与之握手，以示贺喜之诚意。

6）应邀参加社交活动，如宴会、舞会、音乐会前后，应与主人握手，以示谢意。

7）参加友人、同事或上下级的家属追悼会，在离别时，应和逝者的主要亲属握手，表示劝慰。

（2）握手的顺序

社交活动中，握手代表了一定的情感态度，表示对对方的友好尊重，因此，按照什么顺序握手，这个问题就显得十分重要。主要是把握“三优先”的原则。

1）长者优先的原则。只有年长者先伸出手，年幼者才可以伸手相握。这种做法，符合社会的“长者为尊”的伦理标准，表示对年长者的尊重。

2）女士优先的原则。只有女士先伸出手，男士才能伸手相握。女士优先的原则起源于西方所提倡的“Lady First”，这种规范，体现了现代文明意识，表达了对女性的尊重。

3）职位高者优先的原则。只有职位高的人先伸出手，职位低的人才能伸手相握。

（3）握手的姿态

行握手礼时，通常距离受礼者约一步，两足立正，上身稍向前倾，伸出右手，四指并齐，拇指张开与对方相握，微微晃动 1～2 下，一般不超过 3 下，然后与对方的手松开，恢复原状。与关系亲近者握手时可稍加力度和晃动次数，甚至双手交叉热烈相握。

1）握手必须用右手。如果恰好右手正在做事，一时抽不出来，或者手弄得很脏、很湿，应向对方说明，摊开手表示歉意，或立即洗干净手，与对方热情相握。如果戴着手套，则应取下后再与对方相握，否则都是不礼貌的。

2）握手要热情。与他人握手时，应当神态专注、认真、友好。在正常情况下，握手时应目视对方双眼，面含笑容，并且同时问候对方。

3）握手要注意姿势。与人握手时，一般均应起身站立，迎向对方，在距其 1 米左右伸出右手，握住对方的右手手掌，稍微上下晃动一两下，并且令其垂直于地面。

4）握手要注意力度。握手时，既不能有气无力，也不能握得太紧，甚至握痛了对方的手。握得太轻，或只触到对方的手指尖，不握住整只手，对方会觉得你傲慢或缺乏诚意；握得太紧，对方则会感到你热情过火，不善掩饰内心的喜悦，或觉得你粗鲁、轻佻而不庄重。这些都是失礼的。

5）握手应注意时间。握手时，既不宜轻轻一碰就放下，也不要久久握住不放，要掌握适度原则。一般来说，表示完欢迎或告辞致意的话以后，即应放下。在通常情况下，与他人握手的时间不宜过短或过长。大体来讲，握手的全部时间应控制在 3 秒钟以内，握上一两下即可。握手时两手稍触即分，时间过短，好似在走过场，又像是对对方怀有戒意。而与他人握手时间过长，尤其是拉住异性或初见者的手长久不放，则会被人误解。

3. 介绍礼仪

职场礼仪介绍和被介绍是社交中常见而重要的一环。介绍的规格虽不必严格遵守，但了解这些礼节就等于掌握了一把通往社交之门的钥匙。特别是对企业家来，经常需要与陌生人打交道，了解了这些礼节就能帮助他更好地进行社交活动，而对职场新人无疑更是入门指南。介绍的态度要自然、友善、亲切、随和，整体上讲求落落大方、笑容可掬，充满信心和勇气。忌讳妄自菲薄、心怀怯意。要敢于正视对方的双眼显得从容不迫。语气自然，语速正常，语言清晰。生硬冷漠的语气、过快过慢的语速或者含糊不清的语音，都会严重影响自我介绍的效果。

（1）正式介绍

在较为正式、庄重的场合，有两条通行的介绍规则：其一是把年轻的人介绍给年长的人；其二是把男性介绍给女性。在介绍过程中，先提某人的名字是对此人的一种敬意。比如，要把 David 介绍给 Sarah，就可以这样介绍：“David，让我把 Sarah 介绍给你好吗?”然后给双方作介绍：“这位是 Sarah，这位是 David。”假若女方是你的妻子，那你就先介绍对方，后介绍自己的妻子，这样才能不失礼节。再如，把一位年纪较轻的女同志介绍给一位德高望重的长辈，则不论性别，均应先提这位长辈，可以这样说：“王老师，我很荣幸能介绍 David 来见您。”

在介绍时，最好是姓名并提，还可附加简短的说明，比如职称、职务、学位、爱好和特长等。这种介绍方式等于给双方提示了开始交谈的话题。如果介绍人能找出被介绍的双方某些共同点就更好不过了。如甲和乙是在同一个专业毕业的，或者是相距多少届的校友，这样无疑会使初识的交谈更加顺利。

（2）非正式介绍

如果是在一般的、非正式的场合，则不必过于拘泥礼节，假若大家都是年轻人，就更应以自然、轻松、愉快为宗旨。介绍人说一句“我来介绍一下”然后作简单的介绍，也不必过于讲究先介绍谁、后介绍谁的规则。最简单的方式恐怕莫过于直接报出被介绍者各自的姓名，也不妨加上“这位是”“这就是”之类的话以加强语气，使被介绍人感到亲切和自然。在把一个朋友向众人作介绍时，说句“诸位，这位是 Sarah”也就可以了。

在非正式的聚会上，你可以采取一种“随机”的方式为朋友作介绍：“David，你认识 Sarah 吗?”“David，你见过 Sarah 了吗?”，然后把 David 引见给 Sarah。即便 David 是你的好友，也不应在作介绍时过于随便：“David，过来见见 Sarah。”或者，“David，过来和 Sarah 握握手”。这种介绍让人听起来觉得缺乏友善和礼貌。在聚会中，友好、愉快的气氛比什么都重要。作介绍时，一般不要称其中某人为“我的朋友”，因为这似乎暗示另外一个人不是你的朋友，显得不友善，也不礼貌。除非特殊情况，人们一般都不习惯毛遂自荐，主动地自报姓名。如果你想知道某人的名字，最好是先找个第三者问一问：“那位穿西装的是谁呀?”其后在你和这位穿西装的 David 见面时就可以说“你好，David。”无论如何不要莽撞地问人家“你叫什么名字?”，这显得唐突。如果万不得已也应说得婉转一点：“对不起，不知该怎么称呼您?”

（3）自我介绍

有时企业家为了某事需要结识某人，在没有人介绍的情况下你也可以直截了当地自我介绍：“我叫 David，我们曾在广州见过一面”，或者是：“你是 Sarah 吧，我是 David，你弟弟的朋友”。如果能找出你和对方的某种联系作为介绍时的简注，这固然是再好不过了，但即使是素昧平生也没什么关系，只要你能彬彬有礼，对方自然也会以礼相待。

（4）在介绍时如何应对

当介绍人作了介绍以后，被介绍的双方就应互相问候：“你好”。如果在“你好”之后再重复一遍对方的姓名或称谓，则更不失为一种亲切而礼貌的反应。对于长者或有名望的人，重复对其带有敬意的称谓无疑会使对方感到愉快。如果由你负责出面组织一个聚会，届时你就应站在门口欢迎来客。如果是正式一点的私人聚会，女主人则应站在门口，男主人站在她旁边，两人均须与每一位来客握手问候。按现代西方礼节，当一位妇女走进房内，在座的男子应起立为礼。但若在座之中也有妇女的话，则此礼可免，这时只需男女主人和其家人起身迎客就行了。一般来讲，男子应等女子入座后自己再就座。如果有位女子走过来和某男子交谈，他就应站起来说话。但如果是在某种公共场所，如剧院、餐馆等也不必过于讲究这种礼节，以免影响别人。

4. 名片礼仪

现代社会，人们越来越注重名片的使用。联系业务、结交朋友，互留名片似乎成为初次相识时不可缺少的程序。

名片是当代交往中一种最为实用的介绍性媒介。作为自我的“介绍信”，它具有使用方便、易于保存等特点，而且不讲尊卑、不分职业，不论男女老少均可使用，因此颇受欢迎。在交往中，要想正确地使用名片，就应对名片的设计、交换的时机、交换的要点及名片的存放几个方面的礼仪规范有所了解。

（1）名片的准备

名片不要和钱包、笔记本等放在一起，原则上应该使用名片夹。名片可放在上衣口袋，但不可放在裤兜里。要保持名片或名片夹的清洁、平整。

（2）接收名片

必须起身接收名片；应用双手接收；不要在接收的名片上面作标记或写字；不可来回摆弄接收的名片；接收名片时，要认真地看一遍；不要将对方的名片遗忘在座位上，或存放时不注意落在地上。

（3）递名片

1）次序：下级或访问方先，被介绍方先。

2）递名片时，应说些“请多关照”“请多指教”之类的寒暄语。

3）互换名片时，应用右手拿着自己的名片，用左手接对方的名片后，用双手托住，并且要看一遍对方职务、姓名等。

（4）注意名片交换的时间、方式、途径

勿把自己的名片强递给每一个见面的高级主管，除非他主动向你索取；勿太早递出你的名片，尤其是面对完全陌生的人和偶然认识的人；勿在一大堆陌生人中散发你的名片，应在商业性社交场合交换名片；参加同业会议时，交换名片通常是在会议开始时进行，有时在结束时进行；勿把有缺点、过时或肮脏的名片给人。用餐期间一般不要交换名片；在参加社交性晚宴时，不论女士或男士都应该带着名片。

【案例 4】

新城举行春季商品交易会，各方厂家云集，企业家们济济一堂。华新公司徐总经理在交易会上听说衡诚集团的崔董事长也来了，想利用这个机会认识这位素未谋面又久仰大名的商界名人。午餐会上他们终于见面了，徐总经理彬彬有礼地走上前去，“崔董事长，您好，我是华新公司的总经理，我叫徐刚，这是我的名片。”说着，便从随身带的公文包里拿出名片，递给了对方。崔董事长显然还沉浸在之前与人的谈话中，他顺手接过徐刚的名片说，“你好”，草草地看过，放在了一边的桌子上。徐总经理在一旁等了一会儿，并未见崔董事长有交换名片的意思，便失望地走开了……

【案例分析】

结合名片礼仪知识谈谈这位崔董事长的失礼之处。

5. 交谈礼仪

（1）交谈时的面部表情和动作

在与同事或上司谈话时，眼睛注视对方的时间要占谈话时间的 2/3，并且要注意注视的部位。若注视额头上，属于公务型注视；注视眼睛上，属于关注型注视；注视眼睛至唇部，属于社交型注视；注视眼睛到胸部，属于亲密型注视。所以要针对不同的情况注视对方不同的部位。不能斜视和俯视。

要学会微笑，微笑很重要。保持微笑，可以使自己在大家的心中留下好的印象，也可以使自己感到自信。

另外，要尽量避免不必要的身体语言。当与别人谈话时不要双手交叉，身体晃动，一会儿倾向左边，一会儿倾向右边，或是摸摸头发、耳朵、鼻子给人以你不耐烦的感觉。有的人特别喜欢转笔，一边说话一边在玩笔，好像在炫耀，你看我转得多酷呀！也不要拿笔来回按，这样做是很不礼貌的。

（2）谈话的技巧

当谈话者超过三人时，应不时同其他所有的人都谈上几句话。谈话最重要一点是话题要适宜，当选择的话题过于专业，或不被众人感兴趣时应立即止住，而不宜我行我素。当有人出面反驳自己时，不要恼羞成怒，而应心平气和地与之讨论。

在自己讲话的同时也要善于聆听。谈话中不可能总处在“说”的位置上，只有善于聆听，才能真正做到有效的双向交流。听别人谈话就要让别人把话讲完，不要在别人讲得正起劲的时候，突然去打断。

假如打算对别人的谈话加以补充或发表意见，也要等到最后。在聆听中积极反馈是必要的，适时地点头、微笑或简单重复一下对方谈话的要点，是令双方都感到愉快的事情，适当的赞美也是需要的。

要掌握好告辞的最佳时机。一般性拜访，时间不宜太长，也不宜太匆忙。一般以半小时到一小时为宜。若是事务、公务性拜访，则可视需要决定时间的长短。客人提出告辞的时间，最好是与主人的一个交谈高潮之后，告辞时应对主人及家人的款待表示感谢。如果主人家有长辈，应向长辈告辞。

【案例5】 常用礼貌用语七字诀

与人相见说“您好”，问人姓氏说“贵姓”，问人住址说“府上”。
仰慕已久说“久仰”，长期未见说“久违”，求人帮忙说“劳驾”。
向人询问说“请问”，请人协助说“费心”，请人解答说“请教”。
求人办事说“拜托”，麻烦别人说“打扰”，求人方便说“借光”。
请改文章说“斧正”，接受好意说“领情”，求人指点说“赐教”。
得人帮助说“谢谢”，祝人健康说“保重”，向人祝贺说“恭喜”。
老人年龄说“高寿”，身体不适说“欠安”，看望别人说“拜访”。
请人接受说“笑纳”，送人照片说“惠存”，欢迎购买说“惠顾”。
希望照顾说“关照”，赞人见解说“高见”，归还物品说“奉还”。
请人赴约说“赏光”，对方来信说“惠书”，自己住家说“寒舍”。
需要考虑说“斟酌”，无法满足说“抱歉”，请人谅解说“包涵”。
言行不妥“对不起”，慰问他人说“辛苦”，迎接客人说“欢迎”。
宾客来到说“光临”，等候别人说“恭候”，没能迎接说“失迎”。
客人入座说“请坐”，陪伴朋友说“奉陪”，临分别时说“再见”。
中途先走说“失陪”，请人勿送说“留步”，送人远行说“平安”。

【实践题】 请设计对话情景，用以上礼貌用语分组进行交谈，看哪个小组能用到最多的礼貌用语。你们使用之后的感受是什么？

4.1.5 职场礼仪禁忌

1. 直呼老板名字

可以直呼老板中文或英文名字的人，有时是跟老板情谊特殊的资深主管，有时是认识很久的老友。即便老板自己说“别拘束，你可以叫我某某某”，下属也应该以“尊称”称呼老板，如“郭副总”“李董事长”等。

2. 以“高分贝”讲私人电话

在公司讲私人电话已经很不应该，要是还肆无忌惮高谈阔论，更会让老板抓狂，也影响同事工作。

3. 开会不关手机

“开会关机或转为振动”是基本的职场礼仪。当台上有人做简报或传达事情，底下手机铃声响起，会议必定会受到干扰，不但对台上的人，对其他参与会议的人也不尊重。

4. 让老板提重物

跟老板出门洽商时，提物等动作你要尽量代劳，让老板也跟你一起提一半东西是很不礼貌的。另外，男同事跟女同事一起出门，男士们若能表现绅士风范，帮女性提提东西、开关车门，这项贴心的举手之劳，将会为你赢得更多人缘。

5. 对“自己人”才注意礼貌

比如一群人走进大楼，有人只帮自己的朋友开门，却不管后面的人，这是相当不礼貌的。

6. 迟到早退或太早到

不管上班或开会，请不要迟到、早退。若有事需要迟到早退，一定要提前一天或更早就提出，不能临时才说。此外，太早到也是不礼貌的，因为主人可能还没准备好，或还有别的宾客，此举会造成对方的困扰。万不得已太早到，不妨先打个电话给主人，问是否能将约会时间提早？不然先在外面晃一下，等时间到了再进去。

7. 谈完事情不送客

职场中送客到公司门口是最基本的礼貌。若很熟的朋友知道你忙，也要起身送到办公室门口，或者请秘书或同事帮忙送客，一般客人则要送到电梯口，帮他按电梯，目送客人进了电梯，门完全关上，再转身离开。若是重要客人，更应该帮忙叫出租车，帮客人开车门，关好车门，目送对方离开再走。

8. 看高不看低

只跟老板等“居高位者”打招呼，太过现实！别忘了也要跟老板、主管身边的秘书或其他工作人员打招呼。

9. 选择特别贵的餐点

老板请客，专挑昂贵的餐点；或者别人请客，专挑贵的餐点是非常失礼的。价位最好在主人选择的餐饮价位上下。若主人请你先选，选择中等价位就够了，不然会影响商务合作关系。

10. 不喝别人倒的水

主人倒水给你喝，一滴不沾可是不礼貌的举动！再怎么不渴或讨厌该饮料，也要举杯轻啜一口再放下。若是主人亲自泡的茶或煮的咖啡，千万别忘了赞美两句。

11. 想穿什么就穿什么

“随性而为”的穿着或许让你看起来青春有特色，不过，上班就要有上班样，穿着专业的上班服饰，有助于提升工作形象，也是对工作的基本尊重。职场礼仪这些条条框框是要靠自己平常日积月累的修炼和自律来养成的。

12. 三分钟之内结束私人电话

谁也不能避免在上班时间接听几个私人电话，但私人电话时间绝不能超过 3 分钟。原因是私人的事情难免会影响你的情绪，不管是愉快的还是不轻松的话题，都会让自己暂时脱离工作的状态。所以，在 3 分钟之内结束，避免自己被琐事干扰，对自己和工作都是一种负责的主动态度。

思考题：根据本章节所学习的商务礼仪、会议礼仪等，请分组设计一个职场的商务活动，如某公司来你公司拜访并进行项目合作洽谈。请分别设计电话约定会议时间、欢迎来宾环节、会议环节（包括会议准备）以及送客环节等，尽可能运用本章节所学的礼仪知识。分组准备练习后，进行课堂展示并相互点评。

4.2 职场沟通

4.2.1 职场沟通概述

在职场，领导与员工的沟通是最难，也是最重要的。我们都知道沟通是双向的，有效沟通不但是一门艺术，更是社会生存的技能。沟通能透过人的眼睛和耳朵的接触，让在沟通中的两个人相互了解。在职场中，我们大部分时间都用于与自己以外的人进行沟通，这些沟通以多种形式出现，如会议、电话等。在职场，不但同事间要进行沟通，下属和上司也需要经常沟通，才能完成公司的管理运作。那么如何才能有效沟通呢？我们先来看一个故事。

【案例 6】 陶行知先生任育才学校的校长时，有一天他看到一位男生想用砖头砸同学，就将他制止住，并且让他去校长办公室。等陶行知回到办公室时，看到男生已在等他。陶行知掏出一块糖递给他：“这是奖励你的，因为你比我先来了。”

接着又掏出第二块糖给男生：“这也是奖给你的，我不让你打人，你立刻住手了，说明你很尊重我。”男生将信将疑地接过糖果。陶行知又说：“据我了解，你打同学是因为他欺负女生，说明你有正义感。”陶行知遂掏出第三块糖给他。这时男生哭了：“校长，我错了，同学再不对，我也不能采取这种方式对他。”陶先生又拿出第四块糖说：“你已认错，再奖你一块。我的糖分完了，我们的谈话也该结束了。”

【案例分析】 “企”字由“人”和“止”组成，企业无“人”则“止”，可见，“人”是企业的第一要素！陶行知和学生的沟通明显属于内部沟通——在企业内部，复杂的人际关系使很多人往往不善于沟通。松下幸之助有句名言：“企业管理过去是沟通，现在是沟通，未来还是沟通。”因此，管理离不开沟通，沟通已渗透于管理的各个方面。正如人体内的血液循环一样，如果没有沟通的话，企业就会趋于衰亡和倒闭。

职场沟通，是为了一个设定的目标，把信息、思想和情感在特定个人或群体间传递，并且达成共同协议的过程。沟通是自然科学和社会科学的混合物，是企业管理的有效工具。沟通还是一种技能，是一个人对本身知识能力、表达能力、行为能力的发挥。

职场中，良好的沟通可以使员工认清形势，使决策更加有理、有效，建立组织共同的愿景。主管可以通过沟通，引导员工更好地工作；员工可以通过沟通，更好地理解、执行领导的意图和决策；同事之间可以通过沟通，更加精诚团结、密切合作。在一个组织里，所有的决策和共识，都是通过沟通来达成的。

4.2.2 职场沟通的重要性

企业高效率运转和充满生机，依赖于良好的沟通机制和高效的沟通效果，上下级、平行部门之间互通信息，就需要沟通，需要高速、有效的沟通。良好的沟通让员工感觉到企业对自己的尊重和信任，因而产生极大的责任感、认同感和归属感。此外，良好沟通还能减少冲突、化解矛盾、澄清疑虑、消除误会，增强团队的内部凝聚力。人的因素是企业成功的关键所在。企业经营是否能成功，说到底就是对人员的管理工作是否成功，一切运行上的问题归根结底都是沟通问题。沟通的品质决定了企业的品质。

企业执行力不好，其中最大的问题源自于沟通，也就是说执行者没有搞清楚整个事情的来龙去脉，就开始执行操作。这种情况下出现错误的概率肯定非常高。有的时候，不是下属不想搞明白，而是在特定的执行环境下没有实施有效的沟通。

问题会在哪里呢？“对牛弹琴”是我们管理者经常挂在嘴上的一句话，意思是讥笑接受信息的人弄不懂发送信息的人说的是什么意思，认为这个人太笨了，与他说这些是白费口舌。

【案例 7】 对牛弹琴

战国时代，有一个叫公明仪的音乐家，他能作曲也能演奏，七弦琴弹得非常好，弹的曲子优美动听，很多人都喜欢听他弹琴，人们很敬重他。公明仪不但在室内弹琴，遇上好天气，还喜欢带琴到郊外弹奏。有一天，他来到郊外，春风徐徐地吹着，垂柳轻轻地动着，一头黄牛正在草地上低头吃草。公明仪一时兴致来了，摆上琴，拨动琴弦，就给这头牛弹起了最高雅乐曲——“清角之操”。老黄牛在那里却无动于衷，仍然低头一个劲地吃草。公明仪想，这支曲子可能太高雅了，就换个曲调，弹弹小曲。老黄牛仍然毫无反应，继续悠闲地吃草。公明仪拿出自己的全部本领，弹奏最拿手的曲子。这回呢，老黄牛偶尔甩甩尾巴，赶着牛虻，仍然低头闷不吱声地吃草。最后，老黄牛慢悠悠地走了，换个地方去吃草。公明仪见老黄牛始终无动于衷，很是失望。人们对他说：“你不要生气了!不是你弹的曲子不好听，是你弹的曲子不对牛的耳朵啊!”最后，公明仪也只好叹口气，抱琴回去了。

【案例分析】 显然，我们都明白，问题不在牛，而在弹琴的人。如果你对着牛来弹琴，牛能明白吗？这是谁的错？显然是弹琴之人。若想实现对牛弹琴，首先要会讲“牛语”。这说明在职场中，如果上司面对听不懂的下属，我们也要学会用适合下属的“语言”，刻意摆架子是起不到任何作用的，反而会使你所带领的团队执行力低下，工作效果差。

【案例8】 秀才赶蚊子

从前有位秀才，夜晚被蚊子咬醒，于是对睡在旁边的夫人说：“尔夫被毒虫所吸也。”秀才看到夫人没有反应，又大声地说了一遍：“尔夫被毒虫所吸也。”夫人还是没有反应。此时，秀才大怒：“老婆子!赶快起来，你老公被蚊子咬死了。”妻子闻声，赶快起来，赶走了蚊子。

【案例9】 一把坚实的大锁挂在大门上，一根铁杆费了九牛二虎之力，还是无法将它撬开。钥匙走来了，他用瘦小的身子钻进锁孔，只轻轻一转，大锁就“啪”一声打开了。铁杆奇怪地问：“为什么我费了那么大力气也打不开，而你却轻而易举地就把它打开了呢？”钥匙说：“因为我最了解他的心。”

【案例分析】 案例中的秀才让人觉得很好笑，可是，我们在笑这个秀才的时候，有没有想一想，自己做过这样的“秀才”吗？很多人为了显示自己的实力或者某种特别的教育背景，动不动就冒出一串洋文。如果你的属下听不懂这样的工作指示而无动于衷。那么，就不要摆谱了。要想让属下立即行动，首先要了解属下，用属下容易接受的方式与之沟通，才是上策。从对方的角度出发，在管理当中，沟通的主导责任是管理者自己。有不少外籍高管为了能了解更多员工的想法，自己带领公司外方雇员努力地学习中文。因为，他们希望能成为了解并打开员工内心的那把“钥匙”。在公司员工大会上，外籍总经理在开始讲话时，努力地说几句中文，表明他与大家沟通的诚意，就是一个沟通成功的良好开端。

沟通是管理工作的灵魂，是提高工作效率、实现共同目标、满足各种需要的重要工具。无论是企业管理者还是普通的职工，都是企业竞争力的核心要素，做好沟通工作，无疑是企业各项工作顺利进行的前提。有企业将“沟通就是生产力”作为企业的经营理念之一，充分肯定了职场沟通对于企业的重要性。沟通在企业管理中的重要性主要表现在：

1. 准确理解公司决策，提高工作效率，化解管理矛盾

公司决策需要一个有效的沟通过程才能施行，沟通的过程就是对决策的理解传达的过程。决策表达得准确、清晰、简洁是进行有效沟通的前提，而对决策的正确理解是实施有效沟通的目的。在决策下达时，决策者要和执行者进行必要的沟通，以对决策达成共识，使执行者准确无误地按照决策执行，避免因为对决策的曲解而造成执行失误。

一个企业的群体成员之间进行交流，包括相互在物质上的帮助、支持和感情上的交流、沟通。同样的信息由于接收人的不同会产生不同的效果，信息的过滤、保留、忽略或扭曲是由接收人主观因素决定的，是他所处的环境、位置、年龄、教育程度等相互作用的结果。由于对信息感知存在差异性，就需要进行有效的沟通来弥合这种差异性，以减小由于人的主观因素而造成的时间、金钱上的损失。准确的信息沟通无疑会提高我们的工作效率，使我们舍弃一些不必要的工作，以最简洁、最直接的方式取得理想的工作效果。为了使决策更贴近市场变化，企业内部的信息流程也要分散化，使组织内部的通信向下一直可以到最低的责任层，向上可到高级管理层，并横向流通于企业的各个部门、各个群体之间。在信息的流动过程中必然会产生各种矛盾和阻碍因素，只有在部门之间、职员之间进行有效的沟通才能化解这些矛盾，使工作顺利进行。

2. 讲究实效，降低各种隐患，确保企业稳步发展

企业管理讲求实效，只有从问题的实际出发，实事求是才能解决问题，而在沟通中获得的信息是最及时、最前沿、最实际、最能够反映当前工作情况的。在企业的经营管理中出现的各种各样的问题，如果单纯从事物的表面现象来解决，不深入了解情况，就不能公正地处理问题；或不能做出正确的决策，会给企业带来灾难性的损失。

个人之间、部门之间开展积极、公开的沟通，从多角度看待一个问题，提出合理化建议，那么在管理中就能统筹兼顾、未雨绸缪。在许多问题还未发生时，管理者就从表象上看到、听到、感觉到，经过研究分析，把一些不利于企业稳定的因素或安全隐患提前扼杀掉。企业是在不断解决经营中的问题中发展的，这些问题的解决是通过有效的沟通实现的。

3. 激励职工，形成健康、积极的企业文化

人具有自然属性和社会属性，在实际的社会生活中，在满足其生理需求时还要满足其精神需求。每个人都希望得到别人的尊重、社会的认可和自我价值的实现。一个优秀的管理者，就要通过有效的沟通，影响甚至改变员工对工作的态度、对生活的态度，把那些视工作为负担、对工作三心二意的员工转变得对工作非常投入，在工作中积极主动，表现出超群的自发性、创造性。

在有效的职场沟通中，企业管理者要对职工按不同的情况划分为不同的群体，从而采取不同的沟通方式，如按年龄阶段划分为年轻职工和老职工。对年轻的、资历比较浅的职工采取鼓励认可的沟通方式，在一定情况下让他们独立承担重要工作，并与他们经常在工作生活方面沟通，对其工作成绩认可鼓励，激发他们的创造性和工作热情，为企业贡献更大的力量。对于资历深的老同志，企业管理者应重视尊重他们，发挥他们的经验优势，与他们经常接触，相互交流，给予适当的培训，以调动其工作积极性。

4.2.3 职场沟通的基本要素

在职场中，可以说，我们所做的每一件事情都需要沟通，管理工作中 70%的错误是由于沟通不利造成的。成功的公司管理人士通常会将 90%以上的工作时间用于部属之间的良性沟通之中。通过清晰的指导与决策节省时间与精力，减少重复劳动，提高工作效率，提升他人和自己对工作的满意度，用非强制性策略影响或激励他人。美国通用电气公司就是靠着感情沟通式的管理，以惊人的速度发展起来的，这种沟通式管理给人以深刻的启迪。国内外事业有成的名企，无不视沟通为管理的真谛。在职场，有效的沟通主要包括以下几大要素：

1. 聆听

交谈时，要善于倾听。你需要用心聆听对方说话，了解对方要表达的信息。若一个人长时间述说，说的人很累，听的人也容易疲倦，因此，在交谈时，适度地互相对答较好。学会倾听，尊重别人，集合众智，是人生中的必修课。在听的过程中要聚精会神，这样有助于对他人深入了解，别人也会觉得你很在意他、尊重他。如果需要表达自己的见解，应该在对方谈话停顿时礼貌地回应。

2. 记录

“没有记录等于没有发生”，书面的记录沟通能有利于信息充分、准确的传播，提升执行力，让信息沟通更顺畅。

3. 微笑

微笑是职场沟通最简单而有效的方式，它是人与人进行沟通的最快的方式。平和如天使般的微笑不仅可以使个人魅力得以提升，还可以给您的生活、工作增添明媚的阳光和无限的暖意。

4. 目光交流

目光交流处于人际交往沟通的重要位置。人们相互间的信息交流，总是以目光交流为起点。目光交流发挥着信息传递的重要作用。

5. 真诚表达

“精诚所至，金石为开”，唯有真诚之心才能打动人心，以真诚之心对待他人，这是良好沟通的极佳基础，也只有这样我们才能获得他人的信任，建立良好和谐的关系。

4.2.4 职场沟通的常见方式

职场中的人际交往主要包括信息的交换沟通，上下级之间的命令、指示、联络、报告，另外还有表扬与批评等特殊形式。对于整体而言，职场中的沟通交流直接关系到整个工作团队的凝聚力和工作效率，就我们个人而言，有效的沟通能够帮助我们事半功倍地做好工作，是我们创造良好工作成绩的一个重要砝码。

1. 报告

报告是交流手段的一种，是书面形式的，是陈述结果的总结文书以及活用 PDCA 的要因分析、对策提出等的文书；同时也是工作中最重要的交流手段。

2. 联络

联络也是职场交流的技能之一，联络是就对象同样关注的事情作简单或者片段的报告，或者是紧急事态的紧急报告。例如，发生火灾时。

联络的目的、内容、对象及方法如图 4-1 所示。

目的	圆满推进业务（业务联络）		改善人际关系
内容	业务相关联络、回复		打招呼、祝贺、回信 近况告知
对象	上司、同事、其他部门、客户		客户、朋友、熟人
	口头	声音	书面
方法	直接面谈 间接面谈	电话 录音	便签 信件 邮件 贺卡

图 4-1 联络的目的、内容、对象及方法

报告的要点如图 4-2 所示。

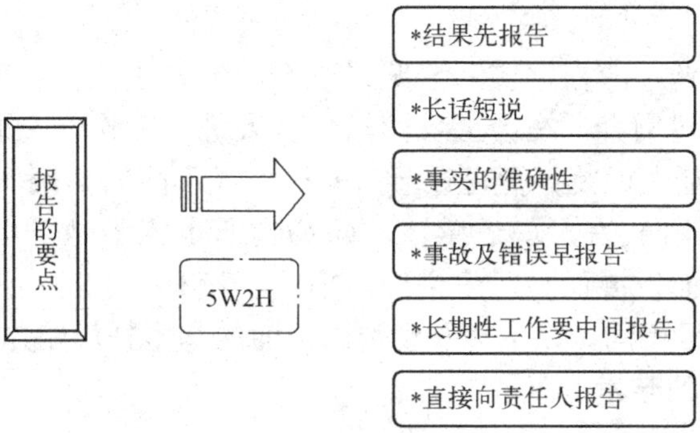

图 4-2　报告的要点

3. 相谈

在职场沟通方式中，相谈也是非常重要的一种。相谈就是与相关对象谈论自己困扰的事情或征询意见时的交流（口头场合较多）。相谈作为职场沟通方式，一般人数从两人到多人不等，并不局限于两人，人数大于两人的相谈可视为会议。

相谈的主要特点如图 4-3 所示。

图 4-3　相谈的主要特点

4. 调查

调查也是一种企业对内对外常用的沟通方式，即通过调查问卷等形式对自己的客户、目标市场群体或员工等进行定期调查，包括客户满意度调查、市场调查、员工满意度调查等。通过满意度报表来了解客户和员工的各种需求是否得到满足，分析不足，明确今后的方向。

4.2.5　职场沟通的基本技巧

为了确保职场中的沟通为有效沟通，应掌握以下总体原则。第一，要确保沟通是有效果的沟通，强调沟通的目标明确性。通过交流，沟通双方就某个问题可以达到共同认识的目的。第二，要确保是有效率的沟通，强调沟通的时间概念。沟通的时间要简短，频率要增加，在尽量短的时间内完成沟通的目标。第三，要做到有笑声的沟通，也就是强调人性化作用。沟通要使参与沟通的人员认识到自身的价值。只有心情愉快的沟通才能实现双赢的思想。

有效沟通手段的问题，应根据实际情况采取不同的方法。在制度方面可以建立有效措施。例如，定期召开公司例会，在会上各部门负责人进行工作情况通报以使各部门之间相互了解，解决信息不畅通之困扰；更可在会后安排形式不同的小聚（如晚餐、夜宵等），以使大家相互之间更加畅所欲言，增进感情。职场沟通也绝不是一成不变的，也是随着社会、人文、经济等各方面发展而与时俱进的。因此，没有什么是沟通的金科玉律，每个成功人士的沟通心得也不尽相同。以下对职场沟通方面的基本技巧略作介绍。

1. 职场表扬与批评的艺术

（1）职场表扬

工作中是什么激励着人们呢？我们一般都会认为是金钱，但研究却不断证明，金钱并不是激励工作的最重要因素。

表扬能使被表扬的对象了解到其工作成绩得到上司或周围同事的认可，从而获得成就感，进而以更饱满的热情投入工作。表扬包括奖品、奖金、表扬信、成果展示、庆功宴、口头表扬、奖状证书等。表扬对被表扬的对象能起到正面的激励作用。激励员工的最重要的要素，是让他们投入到感兴趣的工作中去，这样员工的努力付出会对改进流程或产品、取得成果和实行新理念起着重大的作用。

每个人都有其不足，但也都有其长处。人性中最深切的本能之一，就是被人赏识的渴望。赞扬别人的优点，往往是在强化他身上的那些闪光点，使他感到幸福舒畅和自我价值的实现，因而通常对赞扬者也会报以感激和友善的回应。

在大学里，有一些学生由于家境、容貌、见识等原因而深藏一种自卑感，他们非常需要得到认同和鼓励，一句由衷的赞赏很可能会使他们的生活充满阳光，甚至改变他们的整个命运。赞美别人并非是一件难事，因为每个人总有一些值得赞美之处，只要我们能对别人多注意观察，不嫉妒别人，就会发现他们有许多可赞美之处。最有效的赞赏或表扬是赞扬他人身上那些并不是显而易见的长处和优点。

（2）职场批评

职场的批评与其他场合的批评略有不同。批评的主要目的是使被批评的对象认识到其工作出现了问题，上司或周围同事对其不满，要求其进行反省和改进，使其有羞耻感，进而以新的姿态投入工作。职场批评对被批评的对象能起到否定后的激励作用。

（3）职场表扬的艺术

1）具体的表扬。针对具体事件对别人进行实质性的赞扬。

例如：“小王，你的提案对节约能源贡献很大，很好的提案啊！顺应了职场方针及公司方针，能大幅节约成本啊！”

2）说明价值，加以表扬。在表扬中，提出具体数据，让赞扬更为明确，受表扬者也更清晰地体会到上司的肯定。

例如：“小王，这个月的订单不错啊！为此，这几个月也跑了好多趟了吧？两亿元金额是我们科最近 6 个月里排名第二的成绩，这个销售额真是给力啊！”

3）尽可能公开表扬。在有其他人在场的情况下，实施表扬，进行赞美，则效果更好。批评则正好相反。

4）引用第三者的话表扬。引用大家都认识的上司或专家的话来表扬他人，效果会很好。

例如：“小王，这次的事，李部长也很佩服，正在重新考虑工作方案。我也长脸了。”

5）由衷的表扬。冷漠地、吞吞吐吐地、不看着对方，即使表扬了，也只能适得其反。要用心并感情丰富地加以表扬。

（4）职场批评的艺术

不到万不得已时，绝不要自作聪明地批评别人。维护自我尊严、实现自我价值，这是许多人最强烈的心理欲求。在职场沟通中注意到这一点，才能应对自如。学会批评的艺术是维护人际关系的重要策略。卡内基总结的批评的艺术是很值得借鉴的：批评从称赞和诚挚感谢入手；批评前先提到自己的错误；用暗示的方式提醒他人注意自己的错误；应以启发而不是命令来提醒别人的错误，给别人保留面子。总之，不要直接批评、责怪和抱怨别人，否则会使他人的自尊心和自我价值感受损。有时候，我们只要稍稍改变一些方法，变直接批评、责怪和抱怨为间接的暗示和提醒，效果将会好得多。

【案例 10】 小李是一名会计人员，平时在工作中颇有成效，常常主动加班，对工作也常常献计献策。有一次出季度报表时，他出了一次错误，财务主管急等着把报表送到总部，想到后果的严重性，忍不住责备了他：“你对工作太不负责了，怎么能犯这种低级错误……”小李听了后，心里很不舒服，感觉从前那么卖力，稍微出了一点错，以前好像都白干了。渐渐地，也不像从前那么努力工作了，基本只是机械服从，别人做多少自己也做多少，绝不多做或加班；也不愿意多动脑筋，主动考虑工作了。主管感觉小李做事越来越慢，比刚来时差很多，觉得实在可惜，就时不时地要说说小李：“你怎么了？比原来慢这么多……”没过多久，小李就觉得干不下去，想辞职了。

【案例分析】 不能小看任何一次批评。批评是职场沟通中一个常见现象，较多的是上司对下级、前辈对晚辈，其目的是为了鼓励和鞭策。可是，如果批评的方式不妥当，从而产生抗拒心理，那么职场的工作效率将越来越差，团队合作效果也会很糟糕。比如案例中，如果主管换一种方式，向小李指出那个错误，然后说“像你这么聪明的人，我想你绝不会再犯一次同样的错误的，对吧？”，或者说“你以往的表现都优于一般人，希望你不要再犯这样的错误。”那么，他就会主动放弃心理上的抵抗，对批评也就更容易接受。

在职场中，一般有效的批评应注意以下要点：

1）简洁明了的批评。抓住要点，尽可能短时间内批评。唠唠叨叨的说教、追问理由等，都会显得缺乏魄力，很难使部下反省。说教及追问理由最好选择其他场合。

2）批评时应适当留有余地。过分地斥责，反而招致部下的憎恨，招致私下的反抗。要创造一个能使部下省悟自己的过错、并努力改善的环境。

3）直接批评。可能的话，叫到其他房间，当面批评比较好，而不能让人代替批评，说“我（上司）很生气”，这样会导致不信任感。

4）公平批评。在大家认为理所当然的时候进行批评。对犯有同样错误的人员同时给予公正的批评，不应区别对待，否则无法起到正面引导、积极改善的效果。

5）批评事实。批评时应顾全部下的自尊心，对事不对人。就问题事实向对方确认，只批评事实。深追问题的原因并侮辱人格的批评方式，并非是明智的做法。

6）冷静的批评。与怒斥不同，要不带私人感情地、冷静地、明确地批评。

7）及时转换话题。简单点评或批评完出错的事实后，应尽快更换谈话内容，缓和气氛，尤其是部下承认犯错道歉后，应转换话题，最好能给予其挑战其他工作的机会。

【案例 11】 中美文化之对比

上课时，老师问了个问题，2+3=？孩子回答等于 4，美国老师说："小朋友们，非常好，你们离正确答案很近了！"

如果是中国的老师，那么他又会说什么呢？

【案例分析】 学会去鼓励他人，赞赏他人，善于发现别人的优点，并且从正面去引导他人。

【案例 12】 批评的艺术

柯立芝（美国第 30 任总统）有一位漂亮的女秘书，人虽然长得不错，但工作中却常粗心出错。一天早晨，柯立芝看见秘书走进办公室，便对她说："今天你穿的这身衣服真漂亮，正适合你这样年轻漂亮的小姐。"

这几句话出自柯立芝口中，简直让秘书受宠若惊。柯立芝接着说："但也不要骄傲，我相信你的公文处理也能和你一样漂亮的。"果然从那天起，女秘书在公文上很少出错了。

一位朋友知道了这件事，就问柯立芝："这个方法很妙，你是怎么想出来的？"柯立芝得意扬扬地说："这很简单，你看见过理发师给人刮胡子吗？他要先给人涂肥皂水，为什么呀，就是为了刮起来使人不痛。"

【案例分析】 否定之前先肯定，这是非常重要的原则，一定不要去伤了对方的面子，更不能伤了对方的自尊。比如，说某些方面存在不足时，说其"欠缺"不如说其"还有提升空间"让人更容易接受。

总之，正确的表扬与批评都能起到相应的激励作用。我们要多用表扬的方法，尽量不用或者少用批评的方法，在用批评的方法时尤其要注意批评的艺术。

2. 会议沟通的技巧

会议是人们为了解决某个共同的问题或出于不同目的聚集在一起进行讨论、交流的活动，为了更好地实施某项任务，企业内部往往需要召集本部门或跨部门的会议来确保实施效果。常常有人会抱怨会议好多，可是都没解决问题。那么作为职场新人，你会开会吗？如果主管让你来负责一个会议的准备工作，你有头绪吗？你会成为一个会议达人吗？先做个自我测试吧！

【课堂自测】 会议沟通技巧测试

你在会议中是否具有以下行为？（对自己可能会有的行为所对应的序号打钩）

1）总是在会议开始前三天就已经安排了会议的日程并将会议议程通知给每位与会者。

2）当与会者询问议程安排时总是回答：还没有定呢，等通知吧！

3）对于会议将要进行的每个议程都胸有成竹。

4）会议开始前半个小时还在为某个议程犹豫不决。

5）提前将每一个会议任务安排给相关的工作人员落实，并在会议前确认。

6）临到会议前却发现还有一些设备没有安排好。

7）预先拟订参与会议的人员名单，并在开会两天前确认关键人物是否出席。

8）自己也忘记了邀请哪些人出席会议，会议开始前才发现忘记了邀请主管领导参加会议。

9）会议时间安排恰当，能够完成所有的议题。

10）会议总是有一些跑题。

11）会议布置恰当，与会者觉得舒适又便于沟通。

12）会议室拥挤不堪，大家盼望早点结束会议。

以上 12 个问题，你如果选择了题目中题号为单数的行为表现，请给自己加一分；如果选择了题目中题号为双数的行为表现，请给自己减一分。

看看自己的最后得分！

3～6 分：你的会议沟通技巧还是值得称道的。

0～3 分：你的会议沟通技巧也不错，不过需要改进。

低于 0 分：你的会议沟通技巧真不怎么样，赶快努力！

会议沟通技巧，是指通过召开会议的形式，有效与明确地向他人表达自己的想法、感受与态度，亦能较快、正确地解读他人的信息，从而了解他人的想法、感受与态度。会议沟通技巧涉及许多方面，如简化运用语言、积极倾听、重视反馈、控制情绪等等。虽然拥有会议沟通技巧并不意味着成为一个有效的管理者，但缺乏会议沟通技巧又会使管理者遇到许多麻烦和障碍。会议形式包括室内会议和室外会议，也包括正式会议和非正式会议。

（1）会议沟通模式

会前应明确会议模式，电话会议、主题发表会议还是讨论会议。

（2）明确会议目的

每次会议都应该有明确的会议目的和相关的会议主题，会议主题应明确，不宜多，一般会议的主题为 1～2 个。会议目的明确后，会前应该将信息进行共享，对与会人员进行预先通知动员，对会议上可能提出的问题做好前期解释工作。

（3）确定与会者构成

一般与会者的构成与会议的目的有直接关系。一般情况下，决策制定和关键问题解决的会议参会人数在 5 人左右；问题识别或头脑风暴型会议的参会人数为 10 人左右；小型研讨会的参与人数在 15 人左右；信息研讨交流会的参会人数在 30 人左右；报告会的参会人数不限。

（4）明确与会者角色职责

与会者的角色职责一般分为会议主持、会议主席、普通与会者、特邀嘉宾等。各个角色分别有不同职责，如会议主席，是以公正的立场，围绕会议主题，主持并引导协调会议的人。作为一名会议主席，应当具有一定的影响力、相当的决策能力、较强的协调能力、极好的应变能力，能确保会议始终紧扣主题。

（5）会议的组织准备工作

会议的组织和准备工作一般包括以下几个方面：确定会议主题和目标；制订会议活动计划；制定会议议程；发放会议举办通知；会议布置安排，包括会场选定，场内设备准备及相关布置。

（6）会议议程

会议议程是整个会议议题性活动顺序的总体安排，不包括会议期间的仪式性、辅助性的活动，一般包括会议起始时间、会议目的和议题顺序。会议议程与日程是不同的。日程将各项会议活动（包括仪式性、辅助性活动）落实到单位时间，凡会期满 1 天（即两个单位时间）的会议都应当制定会议日程。

（7）会议记录

会议记录是指在会议过程中，由记录人员把会议的组织情况和具体内容记录下来，就形成了会议记录。“记”有详记与略记之别。略记是记会议概要，会议上的重要或主要言论。详记则要求记录的项目必须完备，记录的言论必须详细完整。若需要留下包括上述内容的会议记录则要靠“录”。“录”有笔录、音录和影像录几种，对会议记录而言，音录、影像录通常只是手段，最终还要将录下的内容还原成文字。笔录也常常要借助音录、影像录，以之作为记录内容最大限度地再现会议情境的保证。

3. 其他沟通技巧与注意事项

（1）尊重每一个人

沟通中应当对任何人都给予尊重，并非只是对上司或前辈。可以对年长者、领导或你认为特别的群体给予更多的尊重，但是基本的尊重对每个人都是必需的，这是确保你实施的沟通成为有效沟通的必要条件。

若对方不尊重你时，你也要适当地请求对方的尊重。如果说了不该说的话，往往要花费极大的代价来弥补，“一言既出，驷马难追”“病从口入，祸从口出”，甚至还可能造成无可弥补的终生遗憾！所以沟通不能够信口雌黄、口无遮拦，更不能抱着区别对待的心态去沟通。

（2）有情绪时不要进行沟通，尤其不能决策

带情绪的沟通常常无好话，既理不清，也讲不明，尤其在有情绪时，很容易冲动而失去理性。要冷静沉稳，很多人在生活中一不小心就失去了朋友，这常常是因为遇事沉不住气，三言两语引起争吵而导致关系破裂。要有一颗平常心，面对各种生活问题以平常心态去应对，就不会引起冲突。养成遇事不急于发表意见的习惯，即遇事先要观察，接着思考，等到判断成熟后再发言，这样就会冷静处理问题。对于已经发生了的冲突，如果处理得当、就事论事，往往也不会给人际关系带来太大危害。

（3）能及时认错并道歉

一个人有勇气承认自己的错误，将有助于解决这项错误所带来的问题。人们有时明知自己犯错，为保全面子还是极力为自己辩解，极易造成紧张、怨恨和敌视的局面。遇到这种情况，最好的办法就是迅速而坦诚地承认自己的错误。你在自我批评的时候，无形中增强了对方的自尊心，使他不得不以宽宏、谅解的态度对待你。所以，当你正确的时候，就要试着温和地使对方同意你的看法，而当你错了的时候，就要坦诚地承认。这种技巧不但能产生惊人的效果，而且在任何情形下，都要比为自己辩解有效得多。

说对不起，不代表我真做了什么天大的错误或伤天害理的事，而是一种软化剂，使事情终有“转弯”的余地，甚至于还可以创造出新和谐。

（4）包装坏消息

美国汽车大王亨利·福特有时在拒绝人时，都会格外恭敬地招待对方，如请他吃点心或午餐等，使对方更容易接受，不至于为此失去客户或朋友。包装坏消息也就是换个角度说话。比如导购员若发现顾客的脚一只大一只小，与其说“您的这只脚比那只脚大”，不如换个角度说：“太太，您的这只脚比那只脚更小一点”。更可能让顾客愉快地埋单。

4.3 大学生的人际交往与沟通

课堂活动设计——我的人际关系

【活动目标】

1）使学生认识到建立良好人际关系的重要意义。

2）让学生认识人际交往的一般心理规律。

3）让学生审视自己的人际交往状态。

【活动流程】

暖身活动——变。

目的：使学生意识到归属感的重要，并在与人交往中懂得要主动。

实施：全体学生手拉手组成一个大圆圈并走动起来。当老师第一次喊“8 人一组”的时候，学生立即解散并组成 8 个人一组的小组。活动继续，当老师再次喊“5 人一组”时，刚才的小组学生要重新组成 5 人一组的小组。这样不断变化小组成员，使学生们在体验游戏快乐的同时感到融入集体的喜悦感和被排斥在外的孤独感。

4.3.1 大学生人际交往与沟通的意义

美国心理学家戴尔·卡耐基曾说过：“一个人事业的成功，只有 15%是由于他的专业技术，另外 85%要靠人际关系和处世的技巧。”

人际交往是指两个或两个人以上，通过一定途径发生某种沟通和交流的活动方式。人际交往是指人与人之间为了满足各种需要而进行的思想、情感、行为等方面的交流。这种交流可能是有效的，也可能是无效的；可能会达到目的，也可能不会达到目的；可能产生愉悦的情绪，有助于当事人的成长或者潜力的发挥，也可能产生负面的情绪，阻碍当事人的成长或者抑制当事人潜力的发挥。

人际交往既有积极的一面，也有消极的一面。友好的交往有助于个体个性和社会适应能力的形成、发展，维护心理健康；反之，会破坏一个人的心理平衡，造成心理冲突，严重时可导致人格变异或越轨行动。因此，在大学生群体中，避免发生消极交往，建立与维护积极交往，对于保证大学生的心理健康是极为必要的。

对任何人而言，正常的人际交往、良好的人际关系是其心理正常发展、个性保持健康和生活具有幸福感的必要前提。人们在交往过程中以各种物质和精神的活动方式彼此影响着对方并受对方的影响。

现在的大学生都是“90 后”，一般是 20 世纪 90 年代中期出生。“90 后”出生的年代，国家正处于社会转型期。在城市，在家长悉心呵护下长大的“90 后”在成长过程中因各类电子产品的普及成为“网络一代”，在低年龄阶段就开始频繁地使用计算机、手机、掌上平板式计算机等高科技信息技术产品，极大拓展了视野，接受新鲜事物的能力极强，但导致不少“90 后”人际交往能力较弱，沟通自我需求不强，成为“叛逆的一代”。而在农村，随着进城打工高潮的掀起，部分学生很小就成为留守儿童，在父母亲情的缺失下长大，这使得他们情感较脆弱而且敏感，成为“孤独一代”。因此，面对大学或是公司等新的环境，他们往往表现出独立生活能力差、依赖性强等特点，这些情况容易导致迫切的交往需要、社交恐惧、强烈的求知欲或是学习能力不足等多方面的问题。因此，大学生人际交往的意义显得尤为重要，具体表现为下列五个方面。

1. 有助于增进交流

在现代社会，信息对于人们日常生活的影响已变得越来越重要。信息传播可分为传媒传播和人际传播两类，而人际交往所获信息比起传媒渠道，内容将更丰富，速度将更快。在许多情况下，自己冥思苦想仍不得其解的问题，在与人的偶然交谈中，可能就会突然得到启发，产生灵感。如著名物理学家杨振宁和李政道就是在一次午餐会的闲聊中产生灵感，打破了宇宙守恒定律，获得了诺贝尔物理学奖。大学生若能充分利用人际交往的信息交流功能，就会有助于自己取人之长、补己之短，从而提高得更快。

2. 有助于心理保健

作为社会的成员，每个人都有归属和安全的需要。美国曾做过一项关于人到底能承受多少孤独的实验。尽管报酬很高，却几乎没有人能在这项孤独实验中忍耐三天以上。最初的 8 小时还能撑住，之后就吹起了口哨或者自言自语，开始烦躁不安；实验持续数日后，人会产生一些幻觉；实验结束后，据称需要 3 天以上的时间人才能回到原来的正常状态。研究表明，如果一个人长期缺乏与别人的积极交往，缺乏稳定的、良好的人际关系，久而久之，必然造成心理失调，导致心理上的障碍，危害身体健康。

大学生的心理危机绝大多数是与缺乏正常人际交往和良好人际关系相联系的。在集体生活中，同伴之间的交往状况，往往决定了一个大学生对学校生活是否感到满意。那些生活在没有形成友好、合作、融洽的人际关系的宿舍中的大学生，常常表现出压抑、敏感、自我防卫和难于合作的特点，情绪的满意程度低；而那些善于交往、关系融洽的大学生，则是有欢乐情绪、注重学习与成就、乐于与人交往和帮助别人。可见，人际交往对个人的心理健康有着极为重要的作用。

3. 有助于认识自我

一个人自我意识的发展，是通过交往，在与别人的相互作用中发生和发展的。人可以在与他人的交往中、与别人的比较中以及别人对自己的态度和评价中认识、调整和改进自己，提高自我认识的水平。通过与更广泛的对象进行交往和比较，就能形成较为恰当的自我评价，从而了解自己在他人心目中的形象和在社会中的地位，并以此来客观地认识自己，同时能很好地理解别人并容忍别人的不足和缺陷，培养给人以温暖、关怀、亲密的能力。

4. 有助于完善个性

交往是个性发展与人格健全的必经之路。“物以类聚，人以群分”，人有交往的需要，有合群的倾向。人生在世，就必须与他人、社会交流信息、沟通情感，由此，个性才能得以健全发展。

5. 有助于促进成才

大学生彼此间畅所欲言、互通有无，将会在思想碰撞中产生新的火花，增加对事业、人生和成功的积极看法。“独学而无友，孤陋而寡闻”。对于大学生而言，他们思想活跃，成就动机强，但由于社会经验的不足和知识的局限，在看问题时难免会出现偏差。大学生要学会与不同类型的人才进行交流，从而在心灵上相互沟通、行为上相互协调，共同促进。

4.3.2 大学生人际交往与沟通存在的问题

1. 不敢交往

在学校里你也许会发现有这样一些同学：他们走路专挑幽静的小道，听课专拣边缘的一角，害怕与人直接的目光交流，尤其是老师、异性，经常认为别人都比自己“好”。他们很自卑，不会主动与人沟通，时间久了，别人无法很好地去了解他们、关注他们，忽视了他们的要求，缺少了沟通，这就导致这些同学产生交往障碍，严重的可导致社交恐惧症。

2. 不愿交往

有的学生经过高考之后，发现自己不如在中学时那么出色，进而形成因嫉妒与自卑心理造成的人际障碍，认为自己不如别人，怕别人瞧不起自己，缺少必要的信任和理解，人际交往平淡，缺乏与同学基本的合作精神，甚至视同学为敌人。有的学生既聪明又漂亮，家境又好，是上帝的宠儿。但是，他们朋友不多，与人相处时，要么自高自大，瞧不起别人；要么以自我为中心，没有集体意识，做事全凭自己好恶；要么缺乏宽容，为一点小事就与别人闹得不可开交；有问题都是别人的问题，仿佛他们永远是真理的掌握者。“我最好”这是他们共同的自我认知，不尊重交往对象是他们不能与人沟通的根本原因。

3. 不善交往

在学校你也许会遇到这样一些同学：他们与人交往时，书生气十足，语言生硬，内心的感情表达不恰当。这其中有的是不懂交往中的第一印象的重要性，不注意交往方式，在劝说别人、批评别人、拒绝别人时不讲方式，如有些学生在与人沟通的过程中，开玩笑不分场合，不注意保护别人隐私，不懂得给别人留面子，这些行为都有损自身形象，不利于同学间进一步的交往。

4. 不懂交往

刚进入大学的新生对人际交往的要求往往是理想化的，以友谊的理想模式为标准来衡量生活中的人际关系，导致高期望值与高挫折感并存。这些学生常常回忆过去，对现实的人际沟通表现出强烈的不满。这其中有一部分同学是被动型的，总期望别人主动来与自己沟通，主动关心自己；有的是把朋友当拐杖，需要时用，不需要时扔，这样的交往一般持续时间不会很长。

5. 缺乏技巧

或许是因为上面的几种因素的综合反映，有的学生在交往中表现出羞怯、自卑、孤独、猜疑、嫉妒、恐惧等，或缺乏人际交往的基本技能，他们一般都渴望交往，但因为交往方法欠妥，交往能力有限，个性缺陷或交往障碍等原因，在交往中既不理解自己，也不理解别人，导致交往失败。长期的交往失败，使得一些学生把交往看成一种负担，渐渐变得自我封闭。

每个人都希望自己生活在良好的人际关系氛围中，这就要求我们既需要具备健全的人格，又需要掌握相应的人际交往的方法和艺术，这样，我们就能减少防卫心理，更坦然地走向他人，更自信地与他人交往。

4.3.3 大学生提高沟通能力的基本原则

大学生的沟通与交流是自我的沟通与交流。自我的认识、心态、愿望和行为，直接影响着交往的效果。大量的事实证明：在交往过程中，“我”始终是处于主动状态。自我的问题处理不好，其他问题也很难处理好。所以，要始终保持良好的精神状态，以饱满的精神、高昂的热情、谦虚的态度、文雅的谈吐、潇洒的举止，认真对待每一次沟通交流活动，且持之以恒地坚持下去，才能赢得良好的人际关系。提高自我素养，是增强沟通交流能力的关键。

良好的人际交往和沟通能力不是与生俱来的，它需要在社会交往实践中学习、锻炼和提高。但如同其他事务一样，“没有规矩不成方圆”，大学生在交往过程中，也有它内在的规律性，即依据一定的交往原则。只有遵循了正确的交往原则才能建立起和谐的人际关系，在交往中掌握和创造更好的人际交往的艺术。

1．正直原则

主要是指正确、健康的人际交往能力，营造互帮互学、团结友爱、和睦相处的人际关系氛围，绝不能搞拉帮结派、酒肉朋友、无原则、不健康的人际交往。

2．平等原则

主要是指交往的双方人格上的平等，包括尊重他人和保持自我尊严两个方面。彼此尊重是友谊的基础，是两心相通的桥梁。交往必须平等，平等才能深交，这是人际交往成功的前提。人际关系的根本特征就是平等，这是社会进步的表现。贯彻平等原则，就是在交往中尊重别人的合法权益，尊重别人的感情。古人云：“欲人之爱己也，必先爱人；爱人者，人恒爱之；敬人者，人恒敬之。”尊重不是单方面的，而是取决双方，既要自尊，又要彼此尊重。

3．诚信原则

指在人际交往中，以诚相待、信守诺言。在与人交往时，一方面，要真诚待人，既不当面奉承人，也不在背后诽谤人，要做到肝胆相照，襟怀坦荡；另一方面，言必行，行必果，承诺事情要尽量做到，这样才能赢得别人的拥戴，彼此建立深厚的友谊。马克思曾经把真诚、理智的友谊赞誉为“人生的无价之宝”。古人也说，“精诚所至，金石为开”“心诚则灵”，“诚”是换取友谊的钥匙。日本著名作家池田大作写道：“只有抛掉虚伪，以诚相见的人际关系，才是最有力、最美好、最崇高的。”

4．宽容原则

在与人相处时，应当严于律己，宽容待人，接受对方的差异。俗话说，“金无足赤，人无完人”。交往中，对别人要有宽容之心，如“眼睛里容不得一粒沙子”般斤斤计较，苛刻待人，或者得理不饶人，最终将会成为孤家寡人。另外，要有宽容之心，还须以诚换诚，以情换情，以心换心，善于站在对方的角度去理解对方，这样就会柳暗花明，豁然开朗。

5．换位原则

在交往中，要善于从对方的角度认知对方的思想观念和处事方式，设身处地地体会对方的情感和发现对方处理问题的独特个性方式等，从而真正理解对方，找到最恰当的沟通和解决问题的方法。

4.3.4 大学生提高沟通能力的主要途径

1．积极参与社团活动

学校社团是培养沟通能力的最佳舞台。社团常常与企业或其他社会机构联合组织活动，如演出、义卖、知识竞赛等。大学生可以尝试活动组织、节目支持、广告宣传等多种角色，获得丰富的社会体验。还能和学校内外各个层面的人打交道，小到借一个活动场地，大到去企业获取赞助，都要亲力亲为，从而使得沟通能力获得全方位的锻炼。

2．学会处理好宿舍关系

宿舍是大学生与他人进行人际交往和沟通的主要场地。尽管在教室内以班级为单位，学生也可以进行沟通和交流。但是，由于教师的存在，整个沟通和交流的环境比较有秩序，规则也清晰，不易产生误解和矛盾。而宿舍是个比较自由的场所，能否进行有效的沟通主要靠学生自己努力实践。在宿舍内，为了与舍友建立良好的人际关系，大学生应具备主动沟通意识，平等、谦让和包容的心态，这对提升沟通能力有着极大的实践意义。往往在宿舍里能处理好人际关系的大学生，在职场上的沟通也同样会顺利和成功。

3．当志愿者

当志愿者是大学生锻炼沟通能力的又一途径。在国际艺术节、嘉年华、世博会等赛事上作为志愿者、翻译、会场联络员、临时演员、会务组工作人员等，可以广泛接触到世界各地的文化，学习和体验与不同国家、不同国籍、不同行业及不同职业的人进行沟通交流。

4．公司实践或实习

利用寒暑假去企业进行实践或实习工作，是培养沟通能力的传统而有效的方式。在企业的实践、实习活动能让大学生较快地熟悉公司文化，了解如何去和上司和同事相处，并对职场沟通技能进行实地学习和实践，是很好的提升方式。

4.4 习题

1．案例思考题

林女士为什么会失去合伙人？

林女士是一家广告公司的总经理。年初，公司承办了电视台半个小时的汽车栏目。为了办好这个栏目，公司引进了一个新的合伙人。新的合伙人非常有能力，但优点明显的人，缺点往往也同样明显。一天，因为林女士修改了他的方案，两个人产生了争执，互不相让时，林女士怒气冲冲地说了句：“Bye-bye！。”合伙人听了后没有再说什么，但是，从那天起，两个人的矛盾逐渐加深，最后终止了合作。后来，林女士才知道，这个合伙人几年前离了婚，所以对“bye-bye”特别敏感。其实林女士也不是真的想散伙，但是她也没有想到会有这样的结果。

思考题：林女士为什么会失去合伙人？她应该怎么做才能避免再次发生同样的状况？

2．案例思考题

陈老板为什么陷入困境？

陈总是一个软件公司的老板，公司虽然规模很小，产品质量却非常不错。但公司的营销能力明显不足，订单一般都是通过渠道获得。这些渠道包括各地的一些咨询公司、培训公司。每次合作中，陈总认为渠道只是帮助公司获得市场信息的中介，因此并不十分在意他们。在与渠道公司的谈判中，他总是寸步不让，尤其是涉及佣金的比例，他更是步步紧逼。渐渐地，渠道公司与陈总之间的利益矛盾加深了。中介公司都不大乐意将订单介绍给陈总，他的公司岌岌可危。

思考题：为什么陈总的公司会陷入困境？

3. 实践题

请尝试与 10 个陌生人打招呼，并与同学分享个人体验？

4. 实践题

你认为正确处理学生人际关系的原则有哪些？

根据你宿舍的实际，起草制定一份可行的“宿舍公约”，并说服宿舍同学一起修改，完善后执行。

5. 青年学生人际关系的心理自测题

这是一份大学生人际关系行为困扰的诊断量表，一共有 28 个问题，请你根据自己的实际情况，逐一对每个问题做“是”或“否”的回答。为了保证测验的准确性，请你独立完成，认真作答。

1）关于自己的烦恼有口难开。

2）和生人见面感觉不自然。

3）过分地羡慕和嫉妒别人。

4）与异性交往太少。

5）对连续不断的会谈感到困难。

6）在社交场合感到紧张。

7）时常伤害别人。

8）与异性交往感觉不自然。

9）与一大群朋友在一起，常感到孤寂或失落。

10）极易受窘。

11）不能与别人和睦相处。

12）与异性交往不知道如何适可而止。

13）当不熟悉的人对自己倾诉他的生平遭遇以求同情时，自己常感到不自在。

14）担心别人对自己有什么坏印象。

15）总是尽力使别人赏识自己。

16）暗自思慕异性。

17）时常避免表达自己的感受。

18）对自己的仪表（容貌）缺乏信心。

19）讨厌某人或被某人所讨厌。

20）瞧不起异性。

21）不能专注地倾听。

22）自己的烦恼无人可申诉。

23）受别人排斥，感到冷漠。

24）被异性瞧不起。

25）不能广泛地听取各种意见和看法。

26）自己常因受伤害而暗自伤心。

27）常被别人谈论、愚弄。

28）与异性交往不知如何更好地相处。

计分标准：选择“是”的计 1 分，选择“否”的计 0 分。

结果解释：

如果你的总分为 0～8 分，说明你在与朋友相处上的困扰较少。你善于交谈，性格比较开朗、主动，会关心别人。你对周围的朋友都比较好，愿意和他们在一起，他们也都喜欢你，你们相处得不错。你能从与朋友的相处中得到许多乐趣。你的生活是比较充实而且丰富的，你与异性朋友也相处得很好。一句话，你不存在或较少存在交友方面的困扰，你善于与朋友相处，人缘很好，能获得许多人的好感与赞同。

如果你的总分为 9～14 分，那么，你与朋友相处存在一定程度的困扰。你的人缘一般，换句话说，你和朋友的关系并不牢固，时好时坏，经常处在一种起伏之中。

如果你的总分为 15～28 分，那就表明你同朋友相处的行为困扰比较严重。分数超过 20 分，则表明你的人际关系行为困扰程度很严重，而且在心理上出现较为明显的障碍。你可能不善于交谈，也可能是一个性格孤僻的人，不开朗，或者有明显的自高自大、讨人嫌的行为。

注意：本测验的结果仅供测试者自己参考，不必相互交流。

第 5 章　企业管理基本方法

5.1　企业管理概论

企业管理的基本理论问题，包括企业的职能、要素、原理、模式，和企业管理的方法、发展过程，管理创新，现代企业制度以及企业组织结构等内容。随着我国经济体制改革不断深入，市场经济体制已初步建立，企业竞争越来越激烈，只有加强企业管理，才能适应市场变化，改善经营，降低成本，提高企业的竞争能力。

5.1.1　企业与企业管理

1．企业概述

（1）企业的定义

关于企业的定义，一般认为，企业是从事生产、流通或服务性活动，以营利为目的，独立核算、自主经营、具有法人资格的基本经济单位。

（2）企业的产生

关于企业的产生，历史上没有详细的时间记载。普遍认为，在资本主义社会以前，企业仅是个别的、少数的。那时候，虽然有一些手工业作坊，但未成为社会的基本经济单位，社会生产和消费的主要经济单位是家庭。只是在资本主义生产方式出现以后，特别是工业革命以后，由于生产效率提高，产品日益丰富，市场规模扩大，使生产的社会化程度日益提高，原来以家庭为单位的经济组织，已不能适应商品经济发展的需要，于是企业便产生了。

那么，企业为什么会产生呢？关于企业产生的原因，经济学界有不同的说法，其中一种说法是“交易费用”导致企业的产生。

设想一下，在企业未产生以前，有一家从事织布的小作坊，只有一个工人，同时他也是老板。他可以以很便宜的价格在市场买到他所需要的棉纱和其他材料，然后加工成棉布出售，以赚取利润。他不必到别人的工厂去打工，也不需要雇用工人。但是，久而久之，他发现了一个问题，在买棉花以及其他原材料的过程中，他要进行多次交易，在交易中他要付出很多诸如发现价格费用（信息费用），谈判、签订和履行合同的费用，等等，可以称之为“交易费用”。结果，他发现，与其这样，倒不如不外购棉纱，而是采购棉花，雇人来生产棉纱供自己织布。“通过形成一个组织（企业），并允许某个权威（企业家）来支配资源，就能节约某些运行成本。”于是，企业便出现了。企业取代了中间产品的市场。这位织布厂的老板只需在外部与其他生产要素的所有者签订少量合约（如购棉花），就可以把生产棉布的所有中间产品置于自己的控制之下，并根据自己的意愿组织生产。这样，就可以大大节省交易费用。

（3）企业的特征

1）企业必须依法设立。

2）企业是以营利为目的的生产经营单位。

3）独立核算。

（4）企业的创立

创立一个企业要做好以下几个方面的工作：一是选择行业；二是制定发展战略；三是网罗各种人才，奠定发展基础；四是筹集资金，利用各种筹资渠道，降低筹资成本。

【案例 1】 微软公司的创业史

说到创立企业，就一定要提到微软公司及其创始人比尔·盖茨。比尔·盖茨从一个身无分文的学生成为世界首富，不能不说其创业有方。首先，他选择的是信息产业。以硅芯片、计算机、网络为基础的信息产业已经成为世界的前沿行业。其次，他将战略重点放在计算机的灵魂——操作系统上，他网罗了大量优秀人才，开发了独一无二的 Windows 操作系统，迅速占领了市场。1986 年 3 月，微软公司的股票上市，为公司筹集了大量资金，公司迅速扩张。有人按 1995 年的国民生产总值计算，比尔·盖茨拥有的财富相当于全世界财富总额的 1/365，超过了乌克兰和葡萄牙等上百个中小国家，真可谓富可敌国。1998 年 9 月 11 日，微软公司的股票市值达到 2620 亿美元，超过通用电气公司，成为当时全美最富有的公司。2003 年，比尔·盖茨的个人资产达到 407 亿美元，连续 6 年蝉联世界首富。

2. 管理概述

"管理"一词的含义极为丰富。在中文里，有"管辖""治理""管事理人"之义。英文里表示管理的词有 Management、Administration，前者与经营有关，后者与行政有关。

在人类生产、生活的各个方面，小到一个家庭，大到一个国家，都有管理的存在。古人云："齐家、治国、平天下"，也就是管理。关于管理的定义，也有不同的解释，如管理就是让别人按照自己的意愿把事情办好，管理就是决策，管理就是计划、组织、指挥、协调、控制，等等。

就一般意义来说，管理就是人们为达到一定的目的而有意识、有组织地对管理对象发生作用的社会活动。

【案例 2】 拿破仑替哨兵站岗

拿破仑带领他的部队进攻某国。在途中部队感染了瘟疫，减员严重，长途跋涉，极其辛苦。晚上拿破仑出来查岗，发现哨兵睡着了，拿破仑站在哨兵旁边帮他站岗。半个小时以后哨兵醒了，发现元帅在帮自己站岗，马上磕头饶命。拿破仑说没关系，你太辛苦了，可以原谅，但下不为例。

3. 企业管理

（1）企业管理的概念

企业管理就是由企业的管理者按照客观经济规律的要求，对企业的生产经营活动进行计划、组织、指挥、协调、控制，以实现企业经营目标的过程。

这个概念里有以下几层意思：

1）管理的目的是什么。

2）谁来管，即管理的主体是谁。

3）管什么，即管理的对象是谁。

4）怎样管，即采用什么方法来管。

（2）企业管理的要素

企业管理的要素是指构成企业管理活动的必要因素，主要有：

1）观念。观念是指管理者实施管理的指导思想，也叫管理哲学。

2）目标。管理目标是指管理工作要达到的目的，或者努力的方向。

3）人力资源。人员是企业管理中最重要的因素，包括管理者和被管理者，是最大的可变要素，具有能动作用。

4）资金。资金是指财产和物资的货币表现，是企业管理的条件，也是取得管理效益的重要因素。

5）机器设备。包括工厂布局、工艺装备等设施。

6）物料。物料要素包括物料的采购、运输、储存等活动。

7）技术。技术包括生产技术和管理技术，这里是指管理技术，包括管理方法、管理手段、管理工具等。

8）信息。信息是现代企业最重要的资源之一，包括内部信息和外部信息。

9）环境。环境是指影响企业生产经营活动的各种外部因素和内部条件的总和。

（3）企业管理的系统模式

模式是指典型形式。企业管理的系统模式就是应用系统管理思想的典型管理形式。企业系统的运行过程可以抽象地看做是一个“投入-转换-产出”的转换过程。

企业管理是对企业系统的管理。在市场经济条件下，企业系统的运行模式是这样的：按照市场需求设计产品，投入人、财、物、信息等资源进行生产，制造出产品，再进行产品销售以及售后服务，然后根据用户的信息反馈，不断改进老产品，并进行新产品的研制、推广。这是一个反复循环的过程。企业管理就是对整个过程的管理。

（4）企业管理的基本内容

企业管理的基本内容也可称为企业管理的对象。它包括：

1）人力资源管理。人力资源管理主要包括人事行政管理和工资管理两方面内容。

2）资金管理。资金管理也就是财务管理，主要是做好资金的筹措、使用和控制。

3）物资供应管理。物资供应是生产的物质条件，物资供应管理要求做到既保证生产需要，又要尽可能少占用资金。

4）生产管理。生产管理是对生产过程的组织和控制，要求将各生产要素有效地组合起来，以最少的投入，生产出尽可能多的产品以满足社会需要。

5）销售管理。销售管理是指进行市场研究，运用营销策略和手段，开发销售渠道，保持和提高产品市场占有率。

【案例3】 管理使花旗银行重振雄风

花旗银行是美国著名的商业银行。1993 年其资产总额为 2165.74 亿美元，储蓄额为 1450.89 亿美元，贷款额为 1345.88 亿美元，利润为 22.19 亿美元，股东权益为 139.53 亿美元，市值为 151.70 亿美元。1996 年纯利润为 37.88 亿美元。

但是花旗银行的发展不是一帆风顺的。与许多知名大公司一样，它也遭受过挫折和失败。是管理挽救了危难中的花旗银行，使它转危为安。

1970 年，花旗银行出现了严重的亏损。正当管理层束手无策时，一位叫约翰 · 里德的中年人自告奋勇地站出来，毛遂自荐，声称自己能够改变花旗银行的现状。

大家都将信将疑，议论纷纷。花旗银行董事长瓦尔特·威斯顿却十分了解约翰·里德。约翰·里德原来是一位计算机专家，20 世纪 60 年代，被威斯顿招聘到花旗银行从事财务系统和预算系统的软件设计，几年来一直表现不错。威斯顿把里德请来，让他谈谈怎样扭转银行的危难局面。听完他的谈话后，威斯顿慧眼识英雄，当即决定把董事长的位子让给里德。

里德上任后，大胆改革，勇于创新。首先，他果断地解散了原来效率低下的后勤部，从其他公司聘请了几十位年轻的自动化专家，组成新的后勤部，大大地提高了工作效率。然后，他又率先将计算机应用于银行的业务工作，使花旗银行的市场占有率明显上升。接着，他又率先推广信用卡业务，使花旗银行成为世界上第一个使用信用卡的银行。通过这些措施，银行迅速扭转了亏损局面。花旗银行最终在美国 100 家最大商业银行中的位列前茅。

5.1.2 企业管理的产生和发展

1．企业管理的产生

管理的历史与人类社会一样久远，有共同劳动就有管理。而企业管理却是在资本主义工厂制度出现以后，为适应资本主义生产发展的需要而逐步产生发展起来的。

在资本主义生产方式产生之前的个体劳动条件下，劳动者只要有简单的劳动工具，就可以进行生产。至于生产什么、如何生产、生产多少，都由自己决定，自己管理自己。但是，个人的力量是有限的，无法同无限的大自然做斗争，于是出现了集体劳动。而集体力量的发挥，则有赖于分工和协作，有赖于管理，就像一个乐队需要一个指挥一样，便有了管理的萌芽。也就是说，管理是由共同劳动引起的。但是，在这一时期，管理还没有成为一种普遍的社会现象。

工业革命以后，资本主义大工业生产逐步替代了手工生产，个别人使用工具变成了大多数人使用工具。在手工劳动下，一件产品由一个工人完成；在机器大工业条件下，一件产品由多个工人分工协作完成。为了协调、指挥众多工人的劳动，企业管理便产生了。

2．企业管理的发展

企业管理最初产生于资本主义社会，随着商品经济、社会化大生产以及科学技术的飞速发展，企业管理的内容日益丰富。

企业管理的发展过程，一般可分为传统管理阶段、科学管理阶段和现代管理阶段。

（1）传统管理阶段

传统管理阶段是从 18 世纪末到 20 世纪初，也就是从资本主义工厂制度产生起到资本主义自由竞争结束为止，经历了 100 多年时间。

当时的管理主要是为了解决分工协作的问题，保证生产顺利进行，并充分利用各种资源，减少各种消耗，赚取更多利润。因此，生产管理、工资管理、成本管理成了当时企业管理的主要内容。

这一时期管理的特点是：

1）管理主要依据个人经验和感觉，没有科学的管理制度。

2）工人和管理人员的培养靠师傅带徒弟的方式。

3）把工人看成“经济人”。

（2）科学管理阶段

科学管理阶段是从20世纪初到20世纪40年代，经历了约半个世纪。在20世纪初，美国的工业资本出现了迅速集中的趋势，在激烈的竞争中，中小企业纷纷倒闭，大公司不断涌现，资本主义由自由竞争开始逐步向垄断过渡。随着企业规模不断扩大，生产技术水平不断提高，分工协作更加细化，传统的家长式的凭个人经验管理企业的方法已经不能适应新的要求，科学管理应运而生。

1）泰罗的科学管理。

美国人泰罗是科学管理的创始人，被称为“科学管理之父”。泰罗当过徒工、技工、车间主任、总工程师，直到总经理，这一经历使他能在工厂的生产第一线系统地研究劳动组织与生产管理问题。他做过许多科学管理的试验，其中有三项著名的试验。

第一项试验：搬运生铁。当时，每个工人平均每天装运 12.5 吨生铁。泰罗对工人搬运生铁的动作方法进行了研究，挑选了一个身强力壮的工人来做实验，并亲自加以指导，这个工人在第一天下午就搬运了47.5吨生铁，大大提高了劳动效率。这就是有名的动作研究。

第二项试验：铁砂和煤炭的铲掘工作。以前，铲掘工人自己备铲子，铲子不标准，铲铁时每铲重量太大，铲煤时每铲重量又不足。泰罗经过试验，发现平均每铲重量为 21 磅时铲掘工作量最大。为此，泰罗专门设计了 10 多种不同形状的铲子，由公司统一制造、供应给工人使用。这就是标准化原理。

第三项试验：金属切削试验。过去切削加工没有标准的加工工艺规程，只有师傅带徒弟，凭经验加工。泰罗对切削加工的方法进行了试验，制定了各种操作加工的标准，要求工人按照标准的操作方法进行加工。

通过这些试验，他总结了管理原理和方法，1911年出版了《科学管理原理》一书，这是资本主义世界最早的科学管理著作，也是企业管理从经验管理向科学管理过渡的标志。他在书中全面系统地论述了管理原理和方法，建立了自己的体系，后人称之为泰罗制。泰罗制的主要内容包括以下几个方面：

① 工作方法的标准化。通过分析研究工人的操作（动作），如前面述及的搬运生铁的试验，制定出高效率的标准工作法。为了使工人完成较高的工作定额，除了使工人掌握标准工作法以外，还必须把工人使用的工具、机器、材料以及作业环境加以标准化，如前面述及的铁砂和煤炭的铲掘工作试验。

② 工时的科学利用。通过对工人工时消耗的研究，制定出合理操作的标准时间，定出劳动的时间定额，作为安排工人任务、考核劳动效率的标准。

③ 按照标准操作法对工人进行培训，以代替师傅带徒弟的传统方法培训工人，如前面述及的金属切削试验。

④ 实行有差别的计件工资制。对完成定额任务的工人，以较高的工资率发放工资，以刺激工人拼命工作。

⑤ 明确计划职能与作业职能。计划职能人员负责管理，作业人员即工人负责操作。

泰罗对企业管理的最大贡献是他主张一切管理问题都应该而且也可以用科学的方法加以研究解决，使个人经验上升为科学管理，开创了科学管理的新阶段。

与泰罗同时代对科学管理做出重大贡献的还有一些代表人物，如：

① 美国的吉尔·布雷斯夫妇，在时间和动作研究方面做出重大贡献。

② 美国的甘特，发明了运用线条图制订生产作业计划和控制计划执行的管理方法，这种线条图被称为“甘特图”。

③ 美国的福特，创立了汽车工业的生产流水线，为生产自动化创造了条件，被称为福特制。

2）法约尔的组织管理理论。

法约尔虽然同泰罗一样是个工程师，但两人的经历不同。泰罗后期主要从事工程技术工作，所以他的管理主要是面向车间（生产管理）；法约尔曾经担任法国一家矿业公司的总经理，他的研究侧重于企业全面的生产经营管理。他认为自己的理论不仅可以用于企业，也可以用于军政机关和宗教组织。他的管理理论主要包含在他 1916 年发表的《工业管理与一般原理》一文中。

法约尔的经营管理理论主要包括经营的六种活动、管理的五个职能和 14 条原则。法约尔将企业的经营活动划分为六种：①技术活动；②商业活动；③财务活动；④安全活动；⑤会计活动；⑥管理活动。这六种活动，是企业组织中各级人员都具有的，只不过由于职务高低不同而各有侧重。他进一步提出了管理活动的五个职能：计划、组织、指挥、协调、控制。

法约尔还总结了实际工作经验，提出了有关管理的 14 条原则：①分工；②权限和责任；③纪律；④命令的统一性；⑤指挥的统一性；⑥个别利益服从于整体利益；⑦合理报酬；⑧中央集权；⑨等级系列；⑩秩序；⑪公平；⑫保持人员稳定；⑬首创精神；⑭集体精神。

3）梅奥的人际关系理论。

人际关系理论始于 20 世纪 20 年代，其代表人物是美国哈佛大学的教授梅奥。他领导了著名的“霍桑试验”。

霍桑工厂是美国西方电气公司的一个制造工厂，位于美国芝加哥郊外。在 20 世纪 20 年代，霍桑工厂具有较完善的娱乐设施、医疗制度和养老金制度等，但工人仍愤愤不平，生产成绩也不理想。为了探索其原因，1924 年 11 月，美国科学院组织了一个包括有关方面专家在内的研究小组，到霍桑工厂研究工作条件与劳动效率之间的关系，进行了多次试验，其中一个主要试验叫“照明度试验”，这是霍桑试验的第一阶段。试验的目的是检验照明度等物质条件与劳动效率之间有没有因果关系。试验进行了近三年，研究人员发现物质条件与劳动效率之间并没有多大的联系。

1927 年梅奥组织了一批哈佛大学的教授，会同西方电气公司人员，组成了新的研究试验小组，继续进行试验工作。研究人员将原来在车间工作的工人，转移到特设的试验室进行试验。他们在分析前一次试验的基础上，选择了改变物质条件、增加工间休息时间、缩短工作日、改进工资支付方式等试验内容。研究人员发现，在试验室里试验的工人，其产量与原来相比都有所提高，但是这种生产效率的提高与物质条件的改善、增加工休时间、缩短工作日等没有直接的联系。工人们对自己生产效率提高的原因也说不清楚，只感到在实验室里工作，由于没有工头的监督，工作自由了，知道自己是一项重要试验的成员，并与研究小组成员建立了良好的关系；工余时间工人之间也增加了接触，人与人的关系改善了，产生了一种团结互助的感情。于是，研究人员得出结论：是管理方法的改进使人与人之间的相互关系得到改善，从而使生产效率提高。

在试验中，研究人员发现工人中似乎有一种“非正式组织”在起作用。于是又安排了另外一项试验，即电话交换机的布线小组试验。这个小组有 14 名男工人，根据小组集体产量计算工资。根据小组的分析，就组员的生产能力而言，都可能超过他们目前的实际产量。但是在试验过程中，经过几个月的观察，小组产量总是维持在一定水平而没有超过。经过仔细分析，发现组内存在着一种默契，即有一种无形的压力，限制着每个人突破生产纪录。当有人超过日产量时，旁边就会有人给他暗示。例如，公司给每个人定的标准是一天焊 7312 个接点，可是每个工人都把自己的产量限制在低于 7312 个接点的水平上，他们自定了一个产量标准——每天 6000～6600 个。谁超过这个标准，就会受到小组的冷遇、讽刺、打击，小组的压力就指向他。当他们已经完成小组定额时，工人会在下班前就停止工作。在这种“非正式组织”中，有自己的行为规范，还存在着自然的群众领袖人物。

在进行上述试验的同时，梅奥等人又组织了一个遍及全厂的关于士气问题的调查。他们前后花了三年多时间对全厂两万名职工进行了访问谈话，以了解工人对工作环境、对监工以及对公司的看法。结果发现，工人很乐意谈他们想谈的一切，而且，工人们发泄了心中的闷气后也感到高兴。结果，工人对生产的态度也有了改变，产量也提高了。

经过霍桑试验，并就这些试验以及访谈的结果进行了总结，得出了与科学管理理论不同的新观点。在 1933 年出版的《工业文明中人的问题》一书，正式提出了人际关系学说，其主要内容如下：

① 传统的科学管理理论，把人当做“经济人”看待，而梅奥等人认为工人不仅是“经济人”，更是“社会人”。影响工人生产积极性的，除了物质利益经济因素以外，还有社会和心理的因素。因此，不应该把工人当作“机器”，而应该作为“社会人”加以尊重。

② 传统的科学管理理论认为，生产效率单纯地受工作方法和工作条件的影响，因而在管理上，只强调工作方法的科学化、劳动组织的专业化、作业程序的标准化。总之，传统管理是以“事”为中心的。而梅奥的人际关系论认为，生产效率的提高主要取决于职工的“士气”。只要满足职工的社会心理需求、改变职工的态度，就会提高生产效率。

③ 企业中存在着“非正式组织”。由于存在“非正式组织”，这就对企业领导人提出了新的要求：要注意倾听职工的意见，与职工沟通，要使正式组织的经济目标与非正式组织的社会需求取得平衡。企业领导不仅要善于了解人们合乎逻辑的行为，而且要了解人们不合逻辑的行为（如情绪）。

（3）现代管理阶段

现代管理阶段大体上是从 20 世纪 40 年代开始一直到现在。第二次世界大战以后，西方经济发展出现了许多新变化，现代科学技术发展速度加快，技术更新周期和产品更新换代周期大大缩短，企业规模不断扩大，生产的专业化、协作化进一步加强，生产的社会化程度提高，而且出现了经营国际化趋势，竞争异常激烈。这些变化使企业管理工作变得更加复杂，对企业管理提出了新的更高的要求。为了适应这种要求，现代企业管理理论和方法逐渐形成并发展起来，主要包括以下学派：

1）社会系统学派。

这个学派是从社会学的角度研究管理，其代表人物是美国的管理学家巴纳德，代表作是《经理人员的职能》一书。他认为，社会的各级组织都是一个协作系统，是由相互协调的各个人组成的协作系统，这些系统不论其级别的高低和规模的大小，都包含协作的意愿、共同的目标、信息联系三个基本要素。组织中经理人员是这个协作系统的中心人物，管理者在组织中起着相互协调、相互联系的作用，使组织能够顺利运转，从而实现组织目标。

2）系统管理理论学派。

该学派与前述社会系统学派同属于系统学派。它把系统论的观点用于研究企业的管理活动，其主要代表人物有卡斯特和罗森茨韦克，代表作有《组织与管理：系统与权变的方法》。它主张用系统或整体的观点来看企业管理，把企业看成一个人造系统，同周围环境保持着动态的相互作用，是一个开放系统；用系统的观点来管理企业，能够提高企业整体的经营效率。

3）决策理论学派。

决策理论学派是以社会系统学派的理论为基础，吸收行为科学理论、系统论、运筹学和电子计算机技术而发展起来的一个学派，其代表人员是获得 1978 年诺贝尔经济学奖的美国学者赫伯特·西蒙教授，代表作是1960年出版的《管理决策新科学》，其主要观点如下：

管理就是决策，决策贯穿于管理的各个方面和全过程。

决策是一个复杂的过程，大体可分为三个阶段：①收集信息，提出决策目标；②拟定可行性方案；③选择。

决策的标准。传统决策遵循的原则是"最优化"，但现实中追求"最优化"往往是不大可能的。西蒙认为，由于受各种条件限制，在决策时，很难求得最佳方案。在实践中，经常是求得一个令人满意的方案，即"只有更好，没有最好"。

程序化决策和非程序化决策。程序化决策是对经常出现的问题的决策，如采购、生产作业计划的制订，这类决策经常出现，可以把过程标准化。非程序化决策是对不经常出现的问题的决策，如新产品开发。这类问题没有固定的方法和程序，一般靠决策者的判断。

4）经验主义学派。

经验主义学派的代表人物是美国的彼得·德鲁克，代表著作有《管理的实践》。经验主义学派认为，传统的管理理论都不能适应企业发展的实际需要，企业管理应该从实际出发，以大企业的管理经验为研究对象，把这些经验上升为理论，或者将这些经验直接传授给实际工作者，向他们提出有益的建议。

5）权变理论学派。

权变理论学派是从20世纪70年代开始发展起来的，其代表人物有琼·伍德沃德、劳伦斯、洛希等人。这个学派认为，在企业管理中，不存在适应一切情况、一成不变的最好方式；管理模式和方法应该随着企业内外部环境的变化而灵活应用，随机应变。

6）行为科学学派。

行为科学产生于20世纪30年代。泰罗的科学管理对提高劳动生产率起到了重要作用，但同时也加重了对工人的剥削，激起了工人的反抗，劳资矛盾日益尖锐。因此，一些学者认为单纯地采用泰罗制不能有效地进行管理，必须考虑人的因素，处理好人际关系。在这种情况下，行为科学理论就应运而生。

5.1.3 企业管理的原理与职能

1. 企业管理原理

（1）系统原理

1）系统。系统是指由相互依赖、相互作用的各种要素（包括人、财、物、信息、能源、任务等）按照一定的功能、目的结合而成的有机整体。这里有三个意思：①系统是一个整体；②系统至少由两个或两个以上的要素（子系统）组成；③各子系统之间相互联系、相互作用。

2）系统原理的概念。系统原理认为，任何一个管理对象都是一个系统，都是一个整体。为了实现管理目标，必须运用系统思想，对管理对象各要素分析、综合治理。这就是系统原理。

3）系统原理在企业管理中的应用。应用系统原理从事企业管理，就是要把企业视为一个复杂的系统，把企业管理当做对该系统的设计、构筑及运作。管理者的任务就是要运用系统观点，采用系统分析的方法从事计划、组织、领导和控制，协调好各方面的关系，实现企业的目标。

（2）能级原理

“能级”是现代物理学中一个重要的概念。“能”是做功的本领，能量有大小，把能量按大小排列，形如梯级，所以叫能级。在现代企业管理中，机构和人都是具有一定能量的，而且这种能量有大有小，可以分级。能级原理在企业管理中就是要根据不同的能级建立层次分明的组织机构，给予不同的权力，安排与职位能级要求相适应的人去担负管理任务。这样既可避免只能挑 50 公斤的人硬去挑 100 公斤而被压垮，又可防止能挑 100 公斤的人只挑 50 公斤而造成低效率，做到才职相称、人尽其才。

（3）整分合原理

整分合原理就是：整体把握，科学分解，组织综合。按照系统原理，系统是一个整体，所以，管理首先要从整体上把握系统的目标，详细了解系统的整体全貌及其内在联系，这就是整体把握。然而，系统又是可以分解的。因此，在管理上，必须按照整体目标的要求，对总任务进行科学的分解、合理的分工，使系统各组成部分都有明确具体的任务和目标，这就是科学分解。分工之后，管理者还要对各要素进行适当的组织、协调，以提高管理的效率，这就是组织综合。

（4）反馈原理

反馈本来是控制论的一个基本概念，现在将它引入管理中。反馈的基本含义是指由控制系统把信息输送出去，又把其作用的结果返送回来，并对信息的再输出发生影响，起到控制作用，以达到预定的目的。反馈是企业正常运行的重要条件，它促使计划不脱离实际，又能保证计划得以贯彻。反馈不仅可以使企业经常能够捕捉到内外部各种信息，而且还可以推动企业不断进步，提高经营管理水平。没有有效的反馈，就没有有效的管理。有效的管理要善于捕捉点滴信息，及时反馈，把矛盾和问题解决在萌芽之中。

（5）闭环原理

按照系统原理，企业管理的对象是一个系统。在系统内进行管理的各种手段必须具有相互制约的关系，构成一个连续封闭的回路，使各个环节的势能都能够得到充分发挥，这就是企业管理的闭环原理。

按照闭环原理，企业管理中的机构、制度以及人都应该是封闭的，各个环节应该相互独立，自主行事，独立发挥其功能，但同时又相互制约、相互牵制。如管理中的各种规章制度必须建立健全，如果不健全、不封闭，就有空子可钻，有章等于无章，没有办法真正得到贯彻执行。

（6）弹性原理

弹性是指有伸缩性。企业管理中的弹性原理是指一切决策、手段、方法、措施都必须具有弹性，留有余地，以便适应事物可能的各种变化，才能实现有效的动态管理。

管理之所以要保持一定的弹性，首先是因为管理所面对的问题是多因素的，管理决策是许多因素合力的结果，管理者要想掌握所有因素是不可能的，因此，任何一项管理工作都有不完善之处，不可能“绝对正确”或者“一贯正确”，所以在管理上必须留有余地。另外，由于世界上一切事物都处在不断变化之中，管理工作也应该随着客观条件的变化而变化，不能绝对化、僵硬化。没有一成不变的管理。

弹性有积极弹性和消极弹性。积极弹性是指遇事有充分的准备，制定多种可供选择的方案，即遇事“多几手”。消极弹性是指把留有余地当作“留一手”。我们应该提倡积极弹性，反对消极弹性。

（7）人本原理

人本原理是指把人的因素放在第一位，一切管理工作必须以提高人的素质，调动人的积极性、创造性为根本。

（8）动力原理

动力一般被看做是推动工作、事业前进和发展的力量。管理中的动力原理是指管理必须有强大的动力，而且要正确地运用动力，才能使管理活动持续而有效地进行下去。动力包括物质动力、精神动力和信息动力。

2．企业管理职能

企业管理的职能是指企业管理的职责、功能，包括基本职能和具体职能。基本职能有两个：合理组织生产力；维护和完善生产关系。企业管理的具体职能最早是由法约尔提出的，有五个具体职能：计划、组织、指挥、协调和控制。

（1）计划职能

计划是指管理者对企业未来生产经营活动所做出的预先安排和筹划。计划职能的内容和任务主要包括六个方面：做什么、为什么做、何时做、何地做、谁去做、怎么做。计划是管理的首要职能，是组织成功的前提，计划失误将导致全局被动。

（2）组织职能

对组织通常有两种理解：一是组织是一实体，即具有一定目标，是以人员为主体组织起来的、有秩序的综合体，如工厂、学校、机关、团体等；二是组织是一种行为，即为了实现组织目标，把各要素、各环节有效组合起来的工作。这里讲的是后一种理解。

企业管理中的组织职能是指为了实现企业经营目标而把生产经营活动中的各个要素、各个环节、各个方面，进行组合、配置，以形成一个有机整体，从而有效地进行生产经营活动，以实现组织目标。

（3）指挥职能

指挥职能是指在管理工作中对本企业人员进行引导、沟通和指导，使其为共同的目标而努力，以取得最大的成果。

（4）协调职能

协调职能也称调节职能，是指协调企业内部各方面、各环节、各职能部门的工作，使企业的各项活动和谐一致，消除和减少矛盾，以有效地实现企业的目标。

（5）控制职能

控制是掌握、节制、调节的意思。控制职能是指按照既定目标和标准，对组织活动进行监督、检查，发现偏差并找出原因，采取措施使工作能按计划进行，或者适当进行调整，以达到预期目标。

5.2 5S管理

课堂活动设计——你知道5S吗？大学生应如何培养5S意识呢？

【活动目标】

1）使学生认识到培养5S的重要意义。

2）让学生意识到5S与自己未来职业的密切联系。

【活动流程】

1）学生对课堂案例进行分组学习与讨论。

2）让学生分析并讨论什么是5S，和自己或企业有何关系。各组派代表进行交流发言。

【案例4】 这是某公司小组在谈学习5S体会时的一段对话。

小张首先发言：我认为5S就是大扫除。就像每年一到过年，家家户户擦玻璃、扫房子，该擦的擦，该扫的扫，就可以了。干吗叫5S啊，就叫大扫除吧，更通俗易懂。

小李听了小张的看法后，点点头说：对，不管是不是大扫除，反正没用，劳民伤财不说，又影响生产。现在生产就够咱们忙的了，厂子还月月考核，又是安全，又是质量的，哪项不合格，都不行；不管哪个部门下来检查，都够咱们忙活几天的，可问题是哪有那么多精力啊！现在又要求开展5S，唉……

急性子的小赵又说道："凭啥只让我们干活的人搞5S，他们当领导的就什么也不干呀！再说有的时候也不是我们没干好，可领导就认定是咱们工人问题。还记得吗？上次销售部给车间下了订单，活儿催得多急啊！咱们没白天没黑夜加班，把活干完了，可销售部没有及时出货，都堆在车间里。本来地方就小，这样更显得乱了，厂里还问咱们怎么车间这么乱，没出事就不错了，还扣分，咱们找谁说理去啊！"

【案例思考】 1. 什么是5S？2. 5S与生产质量有关系吗？

5.2.1 5S管理的概述

5S现场管理法是现代企业管理模式。5S即整理（Seiri）、整顿（Seiton）、清扫（Seisou）、清洁（Seiketsu）、素养（Shitsuke），又被称为"五常法则"。

因日语的罗马拼音均以"S"开头，英语也是以"S"开头，所以简称5S。5S起源于日本，是指在生产现场中对人员、机器、材料、方法等生产要素进行有效的管理，这是日本企业独特的一种管理办法。1955年，日本的5S的宣传口号为"安全始于整理，终于整理整顿"。当时只推行了前两个S，其目的仅为了确保作业空间和安全。到了1986年，日本的5S的著作逐渐问世，从而对整个现场管理模式起到了冲击的作用，并由此掀起了5S的热潮。

日本企业将5S运动作为管理工作的基础，推行各种品质的管理手法，第二次世界大战后，产品品质得以迅速地提升，奠定了经济大国的地位。而在丰田公司的倡导推行下，5S对于塑造企业的形象、降低成本、准时交货、安全生产、高度的标准化、创造令人心旷神怡的工作场所、现场改善等方面发挥了巨大作用，逐渐被各国的管理界所认识。随着世界经济的发展，5S 已经成为工厂管理的一股新潮流。5S 广泛应用于制造业、服务业等，能改善现场环境的质量和员工的思维方法，使企业能有效地迈向全面质量管理，主要是针对制造业在生产现场对材料、设备、人员等生产要素开展相应活动。

根据企业进一步发展的需要，有的企业在 5S 的基础上增加了安全（Safety），形成了“6S”，有的企业甚至推行“12S”。但是万变不离其宗，都是从“5S”衍生出来的。例如在整理中要求清除无用的东西或物品，这在某些意义上来说，就能涉及节约和安全，例如，堆在安全通道中无用的垃圾，这就是安全应该关注的内容。

1．整理（Seiri）

区分要与不要的物品，现场只保留必需的物品。

（1）主要目的

1）改善和增加作业面积。

2）现场无杂物，行道通畅，提高工作效率。

3）减少磕碰的机会，保障安全，提高质量。

4）消除管理上的混放、混料等差错事故。

5）减少库存量，节约资金。

6）改变作风，提高工作情绪。

（2）整理的意义

把要与不要的人、事、物分开，再将不需要的人、事、物加以处理，对生产现场的现实摆放和停滞的各种物品进行分类，区分什么是现场需要的，什么是现场不需要的；其次，对于现场不需要的物品，诸如用剩的材料，多余的半成品，切下的料头、切屑、垃圾、废品，多余的工具，报废的设备，工人的个人生活用品等，要坚决清理出生产现场。这项工作的重点在于坚决把现场不需要的东西清理掉。对于车间里各个工位或设备的前后、通道左右、厂房上下、工具箱内外，以及车间的各个死角，都要彻底搜寻和清理，达到现场无不用之物。

【案例 5】 怎样整理？

下午，某工程接到了一张通知书，要求落实 5S 工作，大家赶紧凑过来一看，只见上面写着：

通 知

请每位参与工程人员注意，48 小时内完成以下两项任务：

1. 完成“5S”的整理内容

1）检查有无不需要的物品，请认真填写清楚。

2）区分哪些是必需品，哪些是不需要品，请认真填写清楚。

3）对于不要的物品你的班组打算如何处理？请说明理由。

2. 根据 5S 的整理体会，写出“整理”工作现场的技巧

看到这张通知，有的工人感到有些奇怪，他们觉得“整理”不就是收拾收拾吗，这里还有什么学问吗？班长二话没说带领全班组员来到库房，现场确实很乱，于是大家就开始商量起“整理”的方法。

前几天刚搬过家的小杨说：这还不简单，不就是哪些东西要，哪些不要，太简单啦，能用的就留着，放在左边，没用的就放右边，扔了或者卖破烂，完了。班长不同意：不行，那太浪费了。小杨不屑一顾地撇撇嘴说：咳，公司才不在乎这点东西呢，再说不扔没用的，怎么看出咱们整理过啊？班长仍然坚持认为都有用，哪样也不能丢。最后小杨丢下一句：又没有扔你家的东西，真没劲！一转身走了。

【案例思考】 到底应该怎么做呢？5S 就是整理一下吗？怎么样才算整理好了呢？

【案例分析】 整理不仅是把东西整理好，更多的是将不要的东西处理掉。通过整理，对物品进行区分和归类，划分出有用的东西，在此基础上将多余的物品从现场清除出去。而实际情况中，有两个极端：有的员工打着整理的幌子，趁机大肆更新一番，或者平时对公司有不满情绪或对工作不负责任的员工，就会毫不犹豫地把需要的和不需要的物品，统统扔掉，造成极大浪费。案例中小杨就是这种观点。因此，整理前组员的思想工作务必要做好。有些班组长总认为，物品不管放多久，总有一天会用到，留着就有用。这也不是完全正确的。

整理的关键要领是要与不要，一留一弃。整理的推行步骤分四步。

第一步：现场检查。

- 检查要点：对工作场所要进行全面性的检查，包括眼睛看到的和看不到的地方。
- 检查顺序：现场检查时可以按地板、工作台、墙上、空中的顺序进行，以减少可能的遗漏。

第二步：区分必需品与非必需品。

首先根据物品的重要性，然后根据使用频率来决定它的管理方法。必需品是指经常使用的物品，没有它就必须购入替代品，否则会影响正常工作。非必需品可分为两种：一种是使用周期长的物品，另外一种是对目前的生产或工作无任何作用的、需要报废的物品。

第三步：清理非必需品。

清理非必需品的原则是看物品现在有没有“使用价值”，而不是看原来是多少钱买的。

整理前应注意：

- 弄清楚为什么要清理和怎么清理。
- 制定整理的规则和整理完成的日期。
- 提前明确现场需要放置的物品。
- 区分要保留的和不需要保留的物品。
- 向员工说明保留物品的理由。
- 划定保留物品安置的地方。

第四步：养成每天循环整理的习惯

整理是一个永无止境的过程，现场每天都在变化，昨天的必需品今天就有可能是多余的。整理贵在日日做、时时做，如果仅仅偶尔突击一下，做做样子，就完全失去了整理的意义。

2．整顿（Seiton）

必需品依规定位置、方法摆放整齐有序，明确标示。

（1）整顿的目的

不浪费时间寻找物品，提高工作效率和产品质量，保障生产安全。

（2）整顿的意义

把需要的人、事、物加以定量、定位。通过前一步整理后，对生产现场需要留下的物品进行科学合理的布置和摆放，以便用最快的速度取得所需之物，在最有效的规章、制度和最简捷的流程下完成作业。

（3）整顿的要点

1）物品摆放要有固定的地点和区域，以便于寻找，消除因混放而造成的差错。

2）物品摆放地点要科学合理。例如，根据物品使用的频率，经常使用的东西应放得近些（如放在作业区内），偶尔使用或不常使用的东西则应放得远些（如集中放在车间某处）。

3）物品摆放目视化，使定量装载的物品做到过目知数，摆放不同物品的区域采用不同的色彩和标记加以区别。

（4）整顿的推行步骤

1）分析现状。

人们取放物品的时间为什么这么长，追根究底，原因有以下几种：是不是知道物品存放在哪里，存放地点是不是太远、太分散；是不是因为物品太多，找起来不方便；是不是不知道已经用完了还是谁在用。所以在班组日常工作中，必须把物品的名称、分类、放置等方面的规范化情况进行分析，找出问题所在，对症下药。

2）彻底地进行整理。

3）确定放置场所。

① 放在岗位上的什么位置比较方便。

② 进行布局研讨。

③ 将经常使用的物品放在工位的最近处。

④ 特殊物品、危险品设置专门场所进行保管。

⑤ 物品放置100%定位。

4）规定摆放方法。

① 物品按种类区分放置。

② 摆放方法各种各样，例如：样式、箱内、工具柜、悬吊式，各个岗位提出各自的想法，但每个管理处/部门需统一。

③ 尽量立体放置，充分利用空间。

④ 堆放高度应有限制。

⑤ 容易损坏的物品要分隔或加防滑垫保管，防止碰撞。

⑥ 做好防潮、防尘、防锈措施。

5）进行标识。

① 采用不同色的油漆、胶带、地板砖或栅栏划分区域。

② 在摆放场所标明所摆放物品。

③ 在摆放物体上进行标识，标识100%实施。

④ 根据工作需要灵活采用各种标识方法。

⑤ 暂放物品应挂上暂放牌，指明管理责任者、时间跨度。

（5）整顿的三定原则

1）定物：选择需要的物品留下来，而将大部分不需要的物品传入储存室，以保证工作场所中的物品都是工作过程中所必需的。

2）定位：根据物品的使用频率和使用便利性，决定物品放置的场所。

3）定量：确保留在工作场所或其附近的物品的数量。物品数量的确定应该以不影响工作为前提，数量越少越好。

工具的定置摆放如图 5-1 所示。

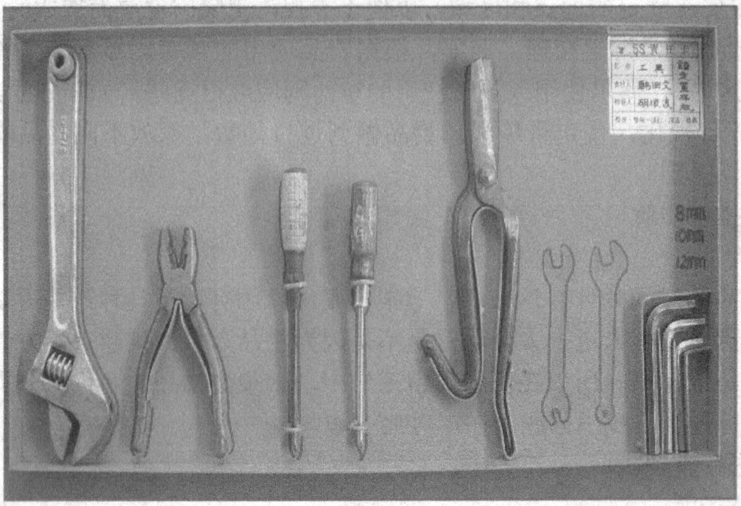

图 5-1　工具的定置摆放

仓库标示总看板如图 5-2 所示。

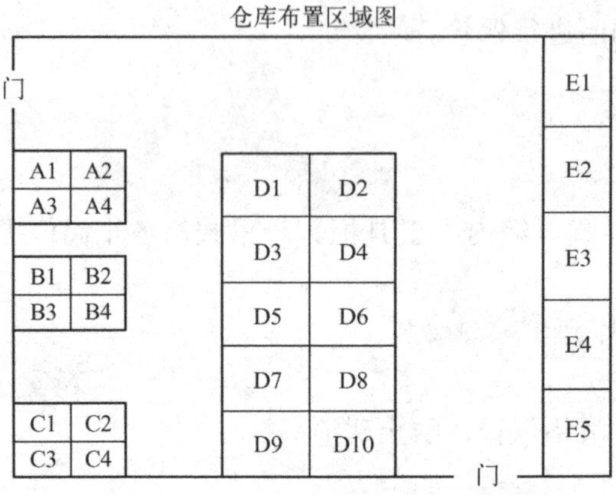

仓库区域对照表

区域	品名
A1	弹簧
A2	螺帽
A3	螺钉
A4	塑料垫片
A5	橡胶密封圈
B1	
B2	
B3	
D1	
…	

图 5-2　仓库标示总看板

3．清扫（Seisou）

清除现场内的脏污、清除作业区域的物料垃圾。

（1）清扫的目的

清除“脏污”，保持现场干净、明亮。

（2）清扫的意义

将工作场所的污垢去除，使异常的发生源很容易发现，是实施自主保养的第一步，主要目的在于提高设备运转率。

（3）清扫的要点

1）自己使用的物品，如设备、工具等，要自己清扫，而不要依赖他人，不增加专门的清扫工。

2）对设备的清扫，着眼于对设备的维护保养。清扫设备要同设备的点检结合起来，清扫即点检；清扫设备要同时做设备的润滑工作，清扫也是保养。

3）清扫也是为了改善。当清扫地面发现有飞屑和油水泄漏时，要查明原因，并采取措施加以改进。

（4）清扫的步骤

1）从工作岗位开始扫除一切垃圾灰尘。

① 员工要自己动手清扫而非用清洁工来代替。

② 清除常年堆积的灰尘污垢，不留死角，将地板、墙壁、顶棚甚至灯罩的里边都要打扫得干干净净。

③ 所有看得到的或看不到的，所有的一切物品与机器设备，都要进行清扫。

2）清扫、检查机器设备。

① 设备应是一尘不染、干干净净的，每天都要保持设备原来的状态。设备本身及其附属的辅助设备也要清扫。

② 清扫时，边清扫边改善设备的状态。把设备的清扫与检查、保养、润滑结合起来。

③ 清扫就是点检，通过清扫把污秽、灰尘清除掉。这样，磨耗、漏油、松动、裂纹、变形等问题就会彻底地全部暴露出来，就可以采取相应的弥补措施，使设备处于完好整洁的状态。

3）整修。

① 对清扫中发现的问题，要及时进行整修。比如对于松动的螺栓要马上紧固。

② 通过清扫，随时发现工作场所的机器设备，或一些不容易看到的地方需要维修或保养，及时添置必要的安全防护装置。比如，防电的鞋、绝缘手套等，要及时地更换绝缘层；已经老化或被老鼠咬坏的导线，要及时地更换并予以处理。

4）查明污垢的发生源。

即使每天进行清扫，油脂、灰尘或碎屑还是会产生，要彻底地解决这个问题还需要查明污垢的发生源，从根本解决问题。

5）责任区域。

对于清扫应进行区域划分，实行区域责任制，责任到人，不存在无人理的死角。如图 5-3 所示，各个区域都责任明确到人。

6）制定相关的清扫标准。

① 明确清扫的对象、方法、重点、周期、使用的工具、责任人等各种项目。例如，这个厕所是谁清扫的、保管的、多久清扫一次，会议室、电视机、计算机、机器设备等也都要明确保管人是谁，或者清扫人是谁。

② 责任人在下班前 15 分钟内清扫完毕自己的责任区。

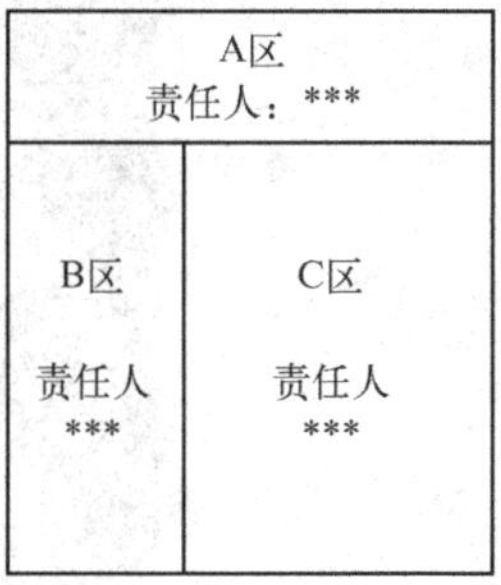

图 5-3　清扫责任区划分示意图

4．清洁（Seiketsu）

将整理、整顿、清扫实施的做法制度化、规范化，维持其成果。

（1）清洁的目的

认真维护并坚持整理、整顿、清扫的效果，使其保持最佳状态，将整理、整顿、清扫进行到底，并且形成标准化、制度化。

（2）清洁的意义

通过对整理、整顿、清扫活动的坚持与深入，从而消除发生安全事故的根源。通过整洁美化的工作区与环境，创造一个良好的工作环境，使职工能愉快地工作。

（3）清洁的要点

1）车间环境不仅要整齐，而且要做到清洁卫生，保证工人身体健康，提高工人劳动热情。

2）不仅物品要清洁，而且工人本身也要做到清洁，如工作服要清洁，仪表要整洁，及时理发、刮须、修指甲、洗澡等。

3）工人不仅要做到形体上的清洁，而且要做到精神上的“清洁”，待人要讲礼貌，要尊重别人。

4）要使环境不受污染，进一步消除浑浊的空气、粉尘、噪声和污染源，消灭职业病。

（4）清洁的步骤

1）彻底贯彻“5S”。

“5S”一旦开始实施就不能半途而废，否则公司又很快回到原来的情形。

对长时间养成的坏习惯，只能花长时间来改正。

2）制定基准，制度化、标准化管理。

① 制定目视管理、颜色管理、定置管理等基准。

② 建立清洁检查表，并实施检查。

3）贯彻“5S”意识。

充分利用各种办法，激发员工的积极性，实施持续改善。

4）奖惩制度。

在不同层次制定5S奖惩办法，对表现优良和执行不力的部门及人员予以奖惩。

如图5-4和图5-5所示，清洁过后，所有可视化标识都非常清晰，符合现场颜色管理及定置管理的要求。

图5-4 生产现场可视化标识1

图 5-5　生产现场可视化标识 2

5．素养（Shitsuke）

人人按章操作、依规行事，养成良好的习惯。

主要在通过持续不断的 4 个 S 的活动中，提升员工道德质量及自身修养；对于规定的事情，大家都按要求去执行，并养成一种习惯。

（1）素养的目的

养成自觉的精神，充满活力，培养良好素质习惯的人才，铸造团队精神。

（2）素养的意义

努力提高人员的修身，使人员养成严格遵守规章制度的习惯和作风，是“5S”活动的核心。

（3）素养执行“三守”原则

守纪律、守时间、守标准。

（4）素养推行要领

1）持续推动前“4S”至习惯化。

2）制定共同遵守的有关规则、规定；学习公司的规章制度，理解规章制度，努力遵守规章制度，成为他人的榜样。

3）制定礼仪守则。

4）教育训练（新进人员加强）。

5）推动各种精神提升活动（早会/礼貌运动等）。

6）整顿、整理、清扫、清洁做一两次并不难，难的是员工要经常做到。所以持之以恒才是最重要的，为此员工要养成以下良好习惯。

① 不要随手乱放物品。

② 经常性地整理工作场所，做到物品摆放有序。

③ 保持卫生，定期清扫，现场保持清洁。

5.2.2　“5S”之间的关系

整理、整顿、清扫、清洁、素养，这 5 个“S”并不是各自独立、互不相关的，它们之间是一种相辅相成、缺一不可的关系（见图 5-6）。整理是整顿的基础，整顿又是整理的巩固，清扫是显现整理、整顿的效果，而通过清洁和素养，则使企业形成一个所谓整体的改善气氛。

5 个“S”之间的关系可以用几句口诀来表达。

只有整理没有整顿，物品真难找得到；

只有整顿没有整理，无法取舍乱糟糟；
只有整理、整顿没清扫，物品使用不可靠；
3 个 S 效果怎保证，清洁出来献一招；
标准作业练素养，公司管理水平高。

图 5-6 为 5S 的定义及相互间的关系。

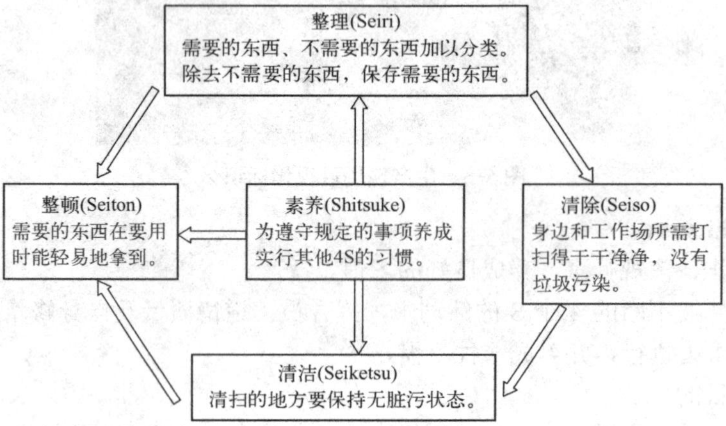

图 5-6　5S 的定义及相互间的关系

5.2.3　“5S”的推进层次

5 个“S”之间是有推进层次的，不应独立实施，应有序推进才能起到应有的效果。如图 5-7 所示，从第一个 S 即整理起，区分“要”与“不要”的物品，到第二个整顿和第三个清扫平行推进，归置有用的东西并且清扫掉不需要的东西，再到第四个“S”清扫的推行，使环境保持美观整洁。直到最后一步，因为人人每天都能坚持以上 4 个“S”而形成了“素养”这第 5 个“S”。

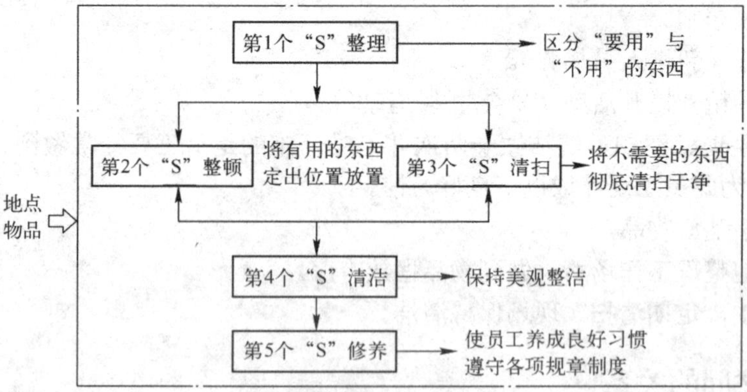

图 5-7　5S 的推进层次图

5.2.4　“5S”实践案例

1. 办公场所

办公场所中的“5S”管理如图 5-8 所示。

图 5-8　办公场所中的“5S”管理

2．“5S”生产车间案例

生产车间里的“5S”管理如图 5-9 所示。

图 5-9　生产车间里的“5S”管理

3．5S 仓库实践案例

仓库里的“5S”管理如图 5-10 所示。

图 5-10　仓库里的“5S”管理

4. "5S" 生产现场改良案例

某工厂的生产现场如图 5-11 所示。

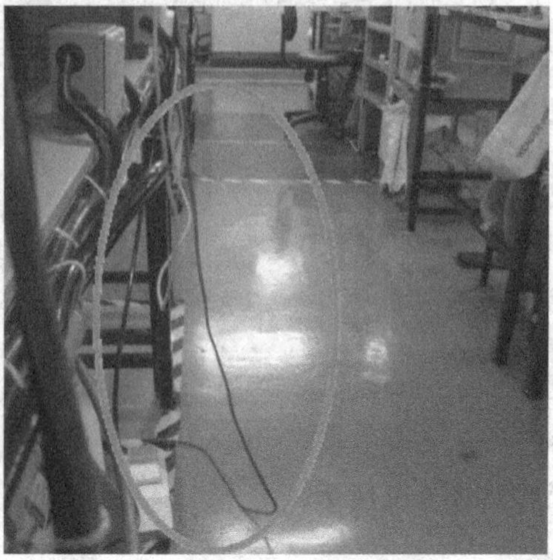

图 5-11　某工厂的生产现场

问题点：封胶脚踏开关的电线，拖到走廊中，容易绊倒走过的人，有安全隐患。

原因及对策：管理失误。

对策：将多余的电线进行捆绑。

某工厂的生产现场如图 5-12 所示。

图 5-12　某工厂的生产现场

问题点：空卡座推车上，卡座垒了 3 层，放置太高，易倾倒。

原因：组长安全意识低。

对策：在推车上粘贴限高、放置两层的标签，并且对全员进行教育。

5.3　目标管理

目标是在一定时期内（一般为一年）组织活动的期望成果，是组织使命在一定时期内的具体化，是衡量组织活动有效性的标准。由于组织活动和个体活动有机叠加，因此只有各个员工、各个部门的工作对组织活动做出期望的贡献，组织目标才可能实现。所以，如何使全体员工、各个部门积极主动、想方设法为组织的总目标努力工作是管理活动有效的关键。目标管理正是解决这一问题的具体方法。

5.3.1 目标管理的含义

【案例 6】

美国哈佛大学曾对一群智力、学历、环境等客观条件都差不多的年轻人做过一个长达 25 年的跟踪调查，调查内容为规划对人生的影响，结果发现：

毕业时，27%的人没有人生目标；60%的人目标模糊；10%的人有清晰但比较短期的目标；3%的人有清晰而长远的目标。

25 年后的跟踪调查显示：

——那 60%目标模糊的人，他们能安稳地生活与工作，但几乎没有什么特别的成绩。27%没有什么目标的人，他们几乎都生活在社会的最底层，他们的生活过得非常不如意，常常失业，并且常常在抱怨他人、抱怨社会。

——那 10%有清晰的短期目标的人，这些人大都生活在社会中上层。他们的共同特点是：不断完成短期目标，生活状态步步上升，他们成为各行业不可或缺的专业人士，如医生、律师、工程师、高级主管等。

——那 3%有清晰且长远的目标的人，25 年来他们总是朝着同一个方向不懈努力。25 年后，他们成为社会各界的顶尖人士，他们当中不乏创业者、行业领袖、社会精英。

“目标管理”的概念是管理专家德鲁克 1954 年在著名的《管理实践》中最先提出的，其后他又提出“目标管理和自我控制”的主张。德鲁克认为，并不是有了工作才有目标，而是相反，有了目标才能确定每个人的工作。所以“企业的使命和任务，必须转化为目标”，如果一个领域没有目标，这个领域的工作必然被忽视。因此管理者应该通过目标对下级进行管理，即当组织最高层管理者确定了组织目标后，必须对其进行有效分解，转变成各个部门以及各个人的分目标，管理者根据分目标的完成情况对下级进行考核、评价和奖惩。

目标管理提出以后，便在美国迅速流传。时值第二次世界大战后西方经济由恢复转向迅速发展的时期，企业急于采用新的方法调动员工积极性以提高竞争能力，目标管理的出现可谓应运而生，迅速被广泛应用，并很快为日本、西欧国家的企业所仿效。

目标管理的具体形式各种各样，但其基本内容是一致的。所谓目标管理乃是一种程序或过程，它使组织中的上级和下级一起协商，根据使命确定一定时期内组织的总目标，由此决定上下级的责任和分目标，并把这些目标经营、评估和奖励作为每个单位和个人贡献的标准。

目标管理的指导思想是以 Y 理论为基础的，即认为在目标明确的条件下，人们能够对自己负责，具体方法上是对泰勒科学管理的进一步发展，它与传统管理方式相比有鲜明的特点，可概括为：

1. 重视人的因素

目标管理是一种参与的、民主的、自我控制的管理制度，也是一种把个人需求与组织目标结合起来的管理制度。在这一制度下，上级与下级的关系是平等、尊重、依赖、支持，下级在承诺目标和被授权之后是自觉、自主和自治的。

2．建立目标锁链与目标体系

目标管理通过专门设计的过程，将组织的整体目标逐级分解，转换为各单位、各员工的分目标。从组织目标到经营单位目标，再到部门目标，最后到个人目标。在目标分解过程中，权、责、利三者已经明确，而且相互对称。这些目标方向一致、环环相扣、相互配合，形成协调统一的目标体系。指明每个人员完成了自己的分目标，整个企业的总目标才有完成的希望。

3．重视成果

目标管理以制定目标为起点，以目标完成情况的考核为终结。工作成果是评定目标完成程度的标准，也是人事考核和奖评的依据，成为评价管理工作绩效的唯一标准。至于完成目标的具体过程、途径和方法，上级并不过多干预。所以，在目标管理制度下，监督的成分很少，而控制目标实现的能力却很强。

5.3.2　目标管理的基本程序

目标管理的具体做法分三个阶段：第一阶段为目标的设置；第二阶段为实现目标过程的管理；第三阶段为测定与评价所取得的成果。

1．目标的设置

这是目标管理最重要的阶段，这一阶段可以分为四个步骤：

（1）高层管理预定目标

这是一个暂时的、可以改变的目标预案，即可以由上级提出，再同下级讨论；也可以由下级提出，上级批准。无论哪种方式，必须共同商量决定。同时，领导必须根据企业的使命和长远战略，估计客观环境带来的机会和挑战，对本企业的优劣有清醒的认识，对组织应该和能够完成的目标心中有数。

（2）重新审议组织结构和职责分工

目标管理要求每一个分目标都有确定的责任主体。因此，预定目标之后需要重新审查现有组织结构，根据新的目标分解要求进行调整，明确目标责任者和协调关系。

（3）确立下级的分目标

首先下级明确组织的规划和目标，然后确定下级的分目标。在讨论中，上级要尊重下级，平等待人，耐心倾听下级意见，帮助下级发展一致性和支持性目标。分目标要具体量化，便于考核；分清轻重缓急，以免顾此失彼；既要有挑战性，又要有实现可能。每个员工和部门的分目标要和其他的分目标协调一致，支持本单位和组织目标的实现。

（4）上级和下级就实现各项目标所需的条件以及实现目标后的奖惩事宜达成协议

分目标制定后，要授予下级相应的资源配置的权力，实现权、责、利的统一。由下级写成书面协议，编制目标记录卡片，整个组织汇总所有资料后，绘制出目标图。

2．实现目标过程的管理

目标管理重视结果，强调自主、自治和自觉，并不等于领导可以放手不管。相反，由于形成了目标体系，一环失误，就会牵动全局。因此领导在目标实施过程中的管理是不可缺少的。首先进行定期检查，利用双方经常接触的机会和信息反馈渠道自然地进行；其次要向下级通报进度，便于互相协调；再次要帮助下级解决工作中出现的困难问题，当出现意外、不可测事件严重影响组织目标实现时，也可以通过一系列手续，修改原定的目标。

3．测定与评价所取得的成果

达到预定的期限后，下级首先进行自我评估，提交书面报告；然后上下级一起考核目标完成情况，决定奖惩；同时讨论下一阶段目标，开始新循环。如果目标没有完成，就分析原因总结教训，切忌相互指责，以保持相互信任的气氛。

5.3.3 对目标管理体制的分析

目标管理在全世界产生很大影响，但实施中也出现许多问题。因此必须客观分析其优势，才能扬长避短，收到实效。

1．目标管理的优点

1）目标管理对组织内易于度量和分解的目标会带来良好的绩效。对于那些在技术上具有可分性的工作，由于责任、任务明确，目标管理常常会起到立竿见影的效果，而对于技术不可分的团队工作则难以实施目标管理。

2）目标管理有助于改进组织结构的职责分工，容易发现授权不足与职责不清等缺陷。

3）目标管理启发了员工的自觉性，调动了员工的主动性、积极性、创造性。

由于强调自我控制、自我调节，将个人利益和组织利益紧密联系起来，因而提高了士气。

4）目标管理促进了意见交流和相互了解，改善了人际关系。

2．目标管理的缺点

在实际操作中，目标管理也存在许多明显的缺点，主要表现在：

1）目标难以制定。组织内的许多目标难以定量化、具体化；许多团队工作在技术上不可分解；组织环境的可变因素越来越多，变化越来越快，组织的内部活动日益复杂，使组织活动的不确定性越来越大。这些都使得组织的许多活动制定数量化目标是很困难的。

2）目标管理的哲学假设不一定都存在。Y 理论对于人类的动机作了过分乐观的假设，实际中的人是有“机会主义本性”的，尤其在监督不力的情况下。因此许多情况下，目标管理所要求的承诺、自觉、自治气氛难以形成。

3）目标商定可能增加管理成本。目标商定以后沟通、统一思想是很费时间的；每个单位、个人都关注自身目标的完成，很可能忽略了相互协作和组织目标的实现，滋长本位主义、临时观点和急功近利倾向。

4）有时奖惩不一定都能和目标成果相配合，也很难保证公正性，从而削弱了目标管理的效果。

鉴于上述分析，在实际中推行目标管理时，除了掌握具体的方法以外，还要特别注意把握工作的性质，分析其分解和量化的可能；提高员工的职业道德水平，培养合作精神，建立健全各项规章制度，注意改进领导作风和工作方法，使目标管理的推行建立在一定的思想基础和科学管理基础上；要逐步推行，长期坚持，不断完善，从而使目标管理发挥预期的作用。

5.3.4 目标管理的步骤

目标管理是一个全面的管理系统。它用系统的方法，使许多关键管理活动结合起来，并且有意识地促进、高效地实现组织目标和个人目标。一个企业中企业文化的建立可以有效地激励个人和群体自觉地围绕具体目标而行动。在这一方面，高技术企业通常具有强大的企业文化环境予以支持。目标管理推行有五大基本步骤：

1）由主管机构（董事会）制定本单位的长远目标，并据以制定本单位的各项策略计划。公司的大目标至少要适用3年以上。

① 本企业为什么存在？

② 本企业是怎样的一个机构？

③ 本企业有什么可以开发的潜力？

④ 5年或10年以后，本企业应该达到怎样的境界？

此外，还必须确认产品或服务是否正确，并明了这些产品或服务与客户需求改变时所扮演的角色。

管理层在制定企业的大目标时，应该对有关技术的成长、产品的开发、竞争对手的情况、国家政策情况以及社会需要及消费者需要的变化等因素加以同样的考虑预测。

2）各层次的主管人员，分别设定其各自的短期行为。

3）各层次的主管人员根据短期目标制定各项行动计划或方案。

4）研究制定出用以衡量目标执行情况及实行监督控制的制度，使有关资料可以向较高层次进行反馈。

5）如果实际成果达不到预期目标，则需要采取必要的纠正措施。

【案例7】

某机床厂从1981年开始推行目标管理：为了充分发挥各职能部门的作用、充分调动一千多名职能部门人员的积极性，该厂首先对厂部和科室实施了目标管理。经过一段时间的试点后，逐步推广到全厂各车间、工段和班组。多年的实践表明，目标管理改善了企业经营管理，挖掘了企业内部潜力，增强了企业的应变能力，提高了企业素质，取得了较好的经济效益。

按照目标管理的原则，该厂把目标管理分为三个阶段进行。

第一阶段：目标制定阶段。

1）总目标的制定。

该厂通过对国内外市场机床需求的调查，结合长远规划的要求，并根据企业的具体生产能力，提出了××××年“三提高”“三突破”的总方针。所谓“三提高”，就是提高经济效益、提高管理水平和提高竞争能力；“三突破”是指在新产品数目、创汇和增收节支方面要有较大的突破。在此基础上，该厂把总方针具体化、数量化，初步制订出总目标方案，并发动全厂员工反复讨论、不断补充，报送职工代表大会研究通过，正式制定出全厂××××年的总目标。

2）部门目标的制定。

企业总目标由厂长向全厂宣布后，全厂就对总目标进行层层分解、层层落实。各部门的分目标由各部门和厂企业管理委员会共同商定，先确定项目，再制定各项目的指标标准：其依据是厂总目标和有关部门负责拟定、经厂部批准下达的各项计划任务，原则是各部门的工作目标值只能高于总目标中的定量目标值，同时，为了集中精力抓好目标的完成，目标的数量不可太多。为此，各部门的目标分为必考目标和参考目标两种。必考目标包括厂部明确下达目标和部门主要的经济技术指标；参考目标包括部门的日常工作目标或主要协作项目：其中必考目标一般控制在 2~4 项，参考目标项目可以多一些。目标完成标准由各部门以目标卡片的形式填报厂部，通过协调和讨论最后由厂部批准。

3）目标的进一步分解和落实。

部门的目标确定了以后，接下来的工作就是目标的进一步分解和层层落实到每个人。

① 部门内部小组（个人）目标管理，其形式和要求与部门目标制定相类似、拟定目标也采用目标卡片，由部门自行负责实施和考核。要求各个小组（个人）努力完成各自目标值，保证部门目标的如期完成。

② 该厂部门目标的分解是采用流程图方式进行的。具体方法是：先把部门目标分解落实到职能组，任务级再分解落实到工段，工段再下达给个人。通过层层分解，全厂的总目标就落实到了每一个人身上。

第二阶段：目标实施阶段。

该厂在目标实施过程中，主要抓了以下三项工作。

1）自我检查、自我控制和自我管理。

目标卡片经主管副厂长批准后，一份存企业管理委员会，一份由部门自存。由于每一个部门、每一个人都有了具体的、定量的明确目标，所以在目标实施过程中，人们会自觉地、努力地实现这些目标，并对照目标进行自我检查、自我控制和自我管理。这种“自我管理”，能充分调动各部门及每一个人的主观能动性和工作热情，充分挖掘自己的潜力，因此，完全改变了过去那种上级只管下达任务、下级只管汇报完成情况，并由上级不断检查、监督的传统管理办法。

2）加强经济考核。

虽然该厂目标管理的循环周期为一年，但为了进一步落实经济责任制，及时纠正目标实施过程中与原目标之间的偏差，该厂打破了目标管理的一个循环周期只能考核一次、评定一次的束缚，坚持每一季度考核一次和年终总评定。这种加强经济考核的做法，进一步调动了广大职工的积极性，有力地促进了经济责任制的落实。

3）重视信息反馈工作。

为了随时了解目标实施过程中的动态情况，以便采取措施、及时协调，使目标能顺利实现，该厂十分重视目标实施过程中的信息反馈工作，采用了两种信息反馈方法。

① 建立“工作质量联系单”来及时反映工作质量和服务协作方面的情况。尤其当两个部门发生工作纠纷时，管理部门就能从“工作质量联系单”中及时了解情况，经过深入调查，尽快加以解决，这样就大大提高了工作效率，减少了部门之间不协调现象。

② 通过“修正目标方案”来调整目标，内容包括目标项目、原定目标、修正目标以及修正原因等，并规定在工作条件发生重大变化需修改目标时，责任部门必须填写“修正目标方案”提交企业管理委员会，由该委员会提出意见交主管副厂长批准后方能修正目标。

该主管副厂长在实施过程中狠抓以上三项工作，因此，不仅大大加强了对目标实施动态的了解，更重要的是加强了各部门的责任心和主动性，从而使全厂各部门从过去等待问题找上门的被动局面，转变为积极寻找和解决问题的主动局面。

第三阶段：目标成果评定阶段。

目标管理实际上就是根据成果来进行管理的，故成果评定阶段显得十分重要。该厂采用了“自我评价”和上级主管部门评价相结合的做法，即在下一个季度第一个月的 10 日之前，每一部门必须把一份季度工作目标完成情况表报送企业管理委员会（在这份报表上，要求每一部门自己对上一阶段的工作做一恰如其分的评价）；企业管理委员会核实后，也给予恰当的评分。如必考目标为 30 分，一般目标为 15 分。每一项目标超过指标 3%加 1 分，以后每增加 3%再加 1 分。一般目标有一项未完成而不影响其他部门目标完成的，扣一般项目中的 3 分，影响其他部门目标完成的则扣分增加到 5 分。加 1 分相当于增加该部门基本奖金的 1%，减 1 分则扣该部门奖金的 1%。如果有一项必考目标未完成，则扣至少 10%的奖金。

该厂在目标成果评定工作中深深体会到：目标管理的基础是经济责任制，目标管理只有与明确的责任划分结合起来，才能深入持久，才能具有生命力，达到最终的成功。

5.3.5 PDCA 循环

PDCA 循环是由美国质量管理统计学专家戴明在 20 世纪 60 年代初创立，故也称为戴明环活动。

PDCA 循环示意图如图 5-13 所示。

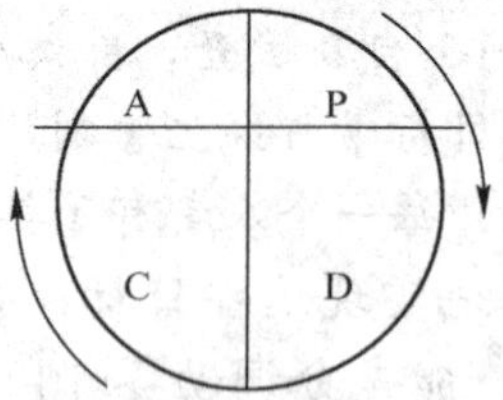

图 5-13　PDCA 循环示意图

1. PDCA 的四个阶段

PDCA 循环中的四个英文字母分别是，P 表示 Plan（计划）、D 表示 Do（执行）、C 表示 Check（检查）、A 表示 Action（处理）。

它反映了质量改进和完成各项工作必须经过的 4 个阶段。这 4 个阶段不断循环下去，周而复始，使质量不断改进。

（1）计划制订阶段——P 阶段

这一阶段的总体任务是确定质量目标，制订质量计划，拟定实施措施。具体分为 4 个步骤。

第一，对质量现状进行分析，找出存在的质量问题。根据顾客、社会以及组织的要求和期望，衡量组织现在提供的产品和服务的质量，找出差距或问题的所在。

第二，分析造成产品质量问题的各种原因和影响因素。根据质量问题及某些迹象进行细致的分析，找出产生质量问题的各种因素。

第三，从各种原因中找出影响质量的主要原因。影响质量的因素往往很多，但起主要作用的为数不多，找出这样的因素并加以控制或消除，可产生显著的效果。

第四，针对影响质量问题的主要原因制订对策，拟定相应的管理和技术组织措施，提出执行计划。

（2）计划执行阶段——D 阶段

按照预定的质量计划、目标和措施及其分工去实际执行。

（3）执行结果检查阶段——C 阶段

根据计划的要求，对实际执行情况进行检查，寻找和发现计划执行过程中的问题。

（4）处理阶段——A 阶段

对存在的问题进行深入的剖析，确定其原因并采取措施。此外，在该阶段还要不断总结经验教训以巩固取得的成绩，防止发生的问题再次发生。这一阶段分为两个具体的步骤：

第一，根据检查的结果，总结成功的经验和失败的教训，并采取措施将其规范化纳入有关的标准和制度，巩固已取得的成绩，同时防止不良结果的再发生。

第二，提出该循环尚未解决的问题，并将其转到下一循环中去，使其得以进一步地解决。

2．PDCA 的特点

PDCA 循环的特点，一是大环套小环，互相衔接，互相促进；二是如同爬楼梯，螺旋式上升，不断循环，不断上升；三是门路式上升。通过 PDCA 循环，使企业各环节、各方面的工作相互结合、相互促进，形成一个有机的整体。整个企业的质量管理体系构成一个大的 PDCA 循环，各部门、各环节又都有小的 PDCA 循环，依次又有更小的 PDCA 循环，从而形成一个大环套小环的综合质量管理体系。经过一个 PDCA 循环，使一些质量问题得到解决，质量水平因此得到提高，从而跨上更高一级台阶，而下一次循环将是在该次质量已经提高的基础上进行，如此循环，使产品质量持续改进，不断提高。PDCA 循环的特点如图 5-14 和图 5-15 所示。

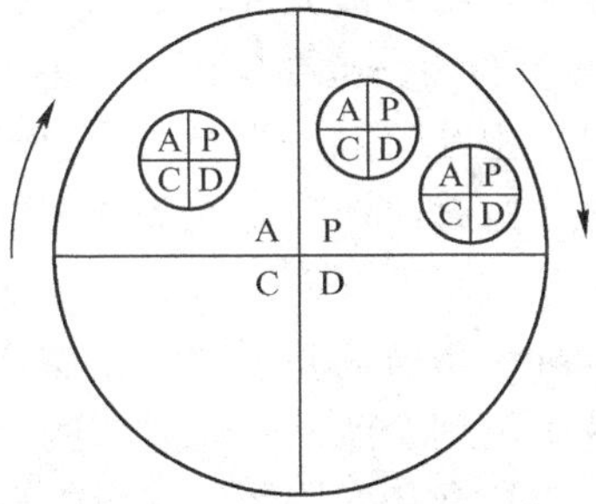

图 5-14　PDCA 循环的特点 1

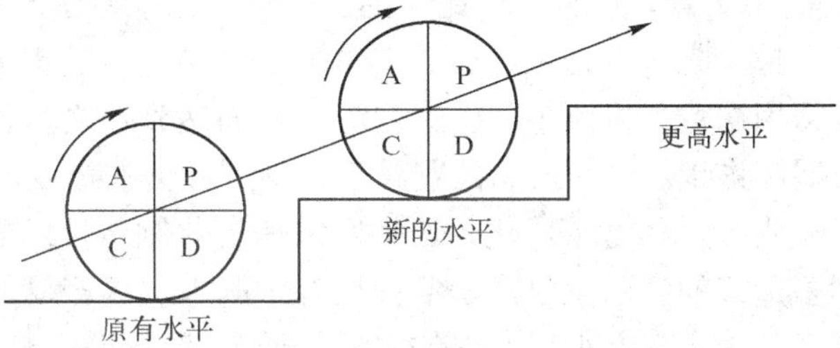

图 5-15　PDCA 循环的特点 2

3．PDCA 的八个步骤

1）分析现状，找出存在问题。

2）找出并分析产生问题的各种影响因素。

3）找出各种原因中的最关键因素。

4）针对主要影响因素，制定措施，提出改进活动计划。

5）执行所制订的计划和措施。

6）根据计划的要求，检查执行的情况。

7）总结经验、巩固成绩，把效果好的总结提炼上升为“标准”。

8）提出遗留问题，并将其转入到下一个 PDCA 循环予以解决。

PDCA 循环的八个步骤如图 5-16 所示。

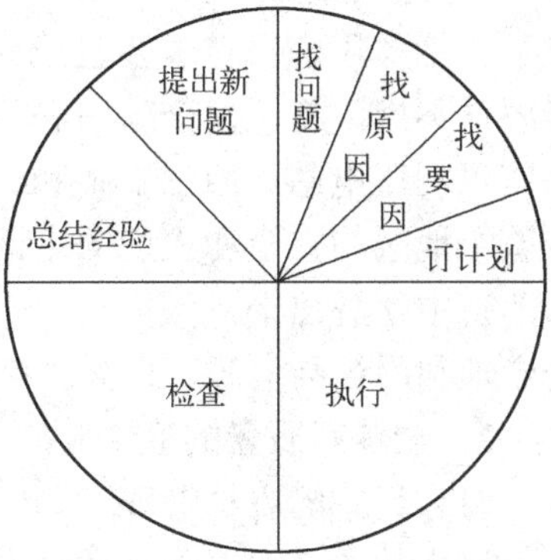

图 5-16　PDCA 循环的八个步骤

5.4　质量管理

在生活、工作中我们如此轻易地使用“质量”一词，以至于人们在专业领域之外很少深入地去探究“质量”一词的含义。然而，不对质量的含义进行深入探讨和准确界定，就很难进行有效的质量管理。

一般意义上，质量被用来描述“产品或服务的好坏、优劣程度”，也常常加一些限制词，如产品质量、工程质量、建筑质量、教育质量等，或更具体的如空调质量、服装质量、轿车质量，乃至信息质量、系统质量、生活质量、发展质量等，以使得质量的指向更为明确，意义表达更为具体。由此可见，质量是一个内涵十分丰富的概念，我们可以从不同的视角（产品、经营过程、工艺和工作、经济增长、管理机制）进行审视并达到深层的理解。

5.4.1 质量及质量管理概述

1. 质量的重要性

远在石器时代，人类就有了朴素的质量意识，开始对当时制作的石器进行简单的检验。当人类步入文明社会之后，已经能够采取各种手段，对生产制品的质量实行控制和管理。例如，约公元前 18 世纪的汉谟拉比法典中，有一条法律规定，如果营造商为某人建造一所房屋，由于他建造得不牢固，结果房屋倒塌使房主身亡，那么这位营造商将被处死。又如，公元前 429 年在中东的巴比伦的工厂里，为皇室生产的金戒指上所镶嵌的翡翠要保证 20 年内不会掉下来，否则工厂要赔偿 10 个“马拉”的银子作为处罚等。由此可知，那时人类已经懂得用法律和协议来制约生产者，从而达到使之重视质量的目的。自此，伴随着人类文明的发展和进步，产品质量问题越来越受到社会的重视。

当今，随着全球化制造和网络信息化制造技术的发展以及国际经济贸易多元化、多层次和多形式的激烈竞争，如何保证并不断地提高产品的质量已成为关系到企业能否在激烈的市场竞争中生存并得以发展的关键。质量管理问题已经成为现代工业社会和各国经济建设中一个受到普遍关注的突出问题。不论是发达国家还是发展中国家，都深刻地感受到提高质量的紧迫感及不提高质量就不能生存的危机感，质量的竞争已成为贸易竞争的重要因素之一。因而，各个国家及企业都在努力寻找提高产品质量的有效途径和方法，力图采取有效的对策，使自己的产品达到世界一流的质量。

质量作用的日益重要已成为这个时代的主要现象。一个产品，尤其是高科技的产品，若其质量不好，将不仅会阻碍和限制其应用水准，甚至会产生严重危害。如 1986 年苏联的切尔诺贝利核电站，由于安装和密封件质量不好，造成核泄漏，使 2000 多人丧生，严重影响着整个地区的安全和人们的生活。因此，人们必须重视产品质量，一定要从产品所隐藏的质量危害中摆脱出来，保护自己，保护人类所共有的生存空间，并进一步把对质量的改进看成是合理利用社会资源、提高生产率、减少废次品损失和增加社会效益的战略良策。

2. 全球对质量的追求

（1）日本的质量管理

日本的经济振兴是从质量开始的。第二次世界大战之后，日本为了振兴其濒临崩溃的经济，从美国导入了质量管理。1951 年，以质量管理的启蒙者、美国著名质量管理学者戴明的名字命名，设立了戴明奖。1960 年，开始每年一度的“质量月”活动。经过 50 多年的努力，日本结合其国情，形成一套具有独特风格的质量管理理论、方法和体系，创造了举世瞩目的日式全面质量管理，并使之成为日本企业制胜的法宝。美国著名的质量管理专家朱兰在考察了日本的经济以后说：“日本的经济振兴是一次成功的质量革命。”朱兰同时将日本质量管理的主要特征概括为六个方面。

1）全企业的质量管理。贯穿企业活动的全过程，并且从企业的最高领导直至现场第一线工人，企业各阶层的全体人员均参加质量管理活动。

2）质量管理小组。1962 年，日本企业中出现了质量管理小组，它是生产现场工人自主开展质量管理活动的基层小团体。通过质量管理小组活动，调动了全员参加质量管理的积极性，使推行质量管理有了牢固的群众基础。

3）质量管理监察。最高经营者一般都十分重视企业的质量管理工作。在企业内，以总经理为首的经营者们经常对下属各单位的质量管理活动进行诊断、检查和指导，开展质量管理的监察活动。

4）活用各种统计方法。日本企业开展质量管理活动时，重视灵活运用各种数理统计理论和方法，而且十分注重发挥它们的实际效果，并将其公式化，以利于现场工人的方便使用。广为人知的统计质量管理七种工具及后来的新七种工具，就是这种简明化、公式化的产物。

5）质量管理教育和训练。日本企业十分强调人的素质的提高，注重质量管理教育和训练，有“质量管理始于教育、终于教育”之说。他们认为，人的质量意识决定了人的质量，人的质量决定了工作的质量，工作的质量决定了工序质量，工序质量决定了产品质量。为了使人有质量第一的意识，必须采取各种形式对人进行质量教育和培训。

6）全国的质量管理推行活动。通过“质量月”活动和建立质量奖励制度等，营造一种声势，引起社会对质量管理的重视，从而推动日本的质量管理不断向纵深发展。

（2）美国的质量管理

美国作为现代质量管理的发源地，在现代质量管理的各个发展阶段都走在了世界的前列。由于美国具有先进的科学技术和雄厚的工业基础，因而在质量管理实践中能够率先形成一系列理论、技术和方法，如泰勒的“科学管理”理论、休哈特的控制图、道奇和罗米格的抽样检查方法以及费根堡姆和朱兰的全面质量管理思想等，所有这些都对全球质量管理产生了重大影响。

美国质量管理的特点比较鲜明。首先，它十分注重质量管理理论和方法的研究，先后建立了质量检验的工作方法、统计质量控制理论和全面质量管理思想等，并成功地把他们应用于产品质量的控制和提高产品的质量工作中去。其次，非常重视质量管理的规范化工作。在美国，企业普遍对建立严密的质量保证体系十分重视，注意通过规范化的手段和方法对产品质量形成的全过程进行严格控制。早在 20 世纪五六十年代，美国就开始了质量保证规范化方面的工作。1959 年，美国国防部颁布质量保证标准《质量大纲要求》和《检验系统要求》及其相应的说明性文件《质量和可靠性保证手册》，对其下属军工企业提出质量保证要求，要求企业依据这些文件和标准编制相应的企业产品质量保证手册。1971 年，美国国家标准协会又借鉴上述军用产品质量保证标准制定了国家标准《核电站质量保证大纲要求》。美国在质量保证规范化方面的工作和成功经验得到了世界众多工业发达国家的借鉴和认同，对 ISO9000 系列标准的产生和推广应用起到了积极的推进作用。美国是 ISO9000 系列标准的积极推行和等同采用国。再次，重视质量成本分析是美国企业开展质量管理活动的又一个重要特点。他们认为，必须把质量水平和成本水平联系起来考虑，注意在一定成本水平的条件下，不断提高产品质量。此外，在美国，企业都非常重视用户的需求，积极为用户提供技术服务工作。

近年来，由于日本经济的崛起，美国在市场竞争中受到来自日本等国产品的严重挑战，意识到“美国若想在世界上处于领导地位，获得质量领域的领导地位是最重要的，经济的成功取决于质量”。为此，一些专家提出了“质量要革命”的口号，并指出要重振美国经济不能靠贸易保护或美元贬值，其关键在于提高产品质量。1984 年，美国质量管理协会争取到国会支持，开展了“质量月”活动，提出“质量第一”的口号，并设立质量管理奖，表彰在质量管理方面有卓越贡献的专业人员。同年，美国参议院通过决议指出，国家的力量来源于工业提供优质商品和优质服务，以确保在世界市场上的领先地位。

（3）欧洲的质量管理

在欧洲，英国、法国、挪威和瑞典等国家先后都颁布了有利于质量管理和质量保证活动的政策。例如，20 世纪 80 年代初期，专设的英国内阁协商委员会对英国的产品质量进行了一次周密的调查。基于此次调查，建立了全国性的质量信息中心，确定了国家对优质产品的奖励措施，并加强了标准化工作，建立了产品质量保证体系，以此加强英国产品在世界市场中竞争能力；德国也特别重视产品质量，对质量管理十分严格，他们在一定条件下宁可牺牲一定产量，也绝不肯放松质量，以确保产品质量在用户中的信誉。荷兰和瑞典等国也都非常重视产品质量，瑞典政府开展和组织了全国性的质量运动，荷兰政府制订并实施了全国性的提高产品质量的五年计划。

（4）我国的质量管理

质量从一定程度上反映了一个国家的综合实力，是企业和产业核心竞争力的体现，也是国家文明程度的体现；既是科技创新、资源配置、劳动者素质等因素的集成，又是法治环境、文化教育、诚信建设等方面的综合反映。质量问题是经济社会发展的战略问题，关系可持续发展，关系人民群众切身利益，关系国家形象。近年来，我国全民质量意识不断提高，质量发展的社会环境逐步改善，主要产业整体素质和企业质量管理水平有较大提高，产品质量、工程质量、服务质量明显提升，原材料、基础元器件、重大装备、消费类及高新技术类产品的质量接近发达国家平均水平，一批国家重大工程质量达到国际先进水平，商贸、旅游、金融、物流等现代服务业服务质量明显改善，覆盖第一、二、三产业及社会事业领域的标准体系初步形成。但是，我国质量发展的基础还很薄弱，质量水平的提高仍然滞后于经济发展，片面追求发展速度和数量，忽视发展质量和效益的现象依然存在。一些生产经营者质量诚信缺失，肆意制售假冒伪劣产品，破坏市场秩序和社会公正，危害人民群众生命健康安全，损害国家信誉和形象。

我们要加强质量宏观管理、积极推进质量立法、完善政府质量工作考核、强化质量激励作用、全面推进质量强市创建工作、推进质量诚信体系建设、大力推进质量统计分析、强化质量安全制度保障、努力提升服务质量水平、夯实质量管理基础。同时，我国工业化、信息化、城镇化、市场化、国际化进程加快，实现又好又快发展需要坚实的质量基础，满足人民群众日益增长的质量需求也对质量工作提出更高要求。面对新形势、新挑战，坚持以质取胜，建设质量强国，是保障和改善民生的迫切需要，是调整经济结构和转变发展方式的内在要求，是实现科学发展和全面建设小康社会的战略选择，是增强综合国力和实现中华民族伟大复兴的必由之路。

我国的质量工作目标是：到 2020 年，建设质量强国取得明显成效，质量基础进一步夯实，质量总体水平显著提升，质量发展成果惠及全体人民。形成一批拥有国际知名品牌和核心竞争力的优势企业，形成一批品牌形象突出、服务平台完备、质量水平一流的现代企业和产业集群，基本建成食品质量安全和重点产品质量检测体系，为全面建设小康社会和本世纪中叶基本实现社会主义现代化奠定坚实的质量基础。

3．质量管理的发展

从质量管理的产生至今，经历了约一个世纪。质量管理是伴随着产业革命的兴起而发展起来的。从历史的观点来看，差不多每隔 20 年在解决质量管理工作方面就会发生重大的变革。从 20 世纪初的质量检验到 20 世纪四五十年代的统计质量管理，再到 60 年代以后的全面质量管理，质量管理的观念和方法一直在更新。有关质量管理的发展阶段，国内外普遍认为经历了三个阶段。

（1）质量检验（Quality Inspect）

20 世纪初，美国工程师泰勒根据 18 世纪产业革命以来工业生产管理的实践和经验，提出了“科学管理”的理论，主张企业内部专业分工，实现计划职能和执行职能相分离，一部分人专职负责设计、计划，另一部分人负责执行。为协调计划职能和执行职能的工作及检查计划的执行情况，在执行职能中增加检查环节，并设置专职检验人员，使产品的检验从制造过程中分离出来，成为一个独立的工序。质量检验人员根据产品的技术标准，利用各种测试手段，对已经生产出来的产品和半成品进行检查，以防不合格品流入下一工序或出厂。这样虽然直接操作的工人减少了，专职检验人员相对地增多了，但由于加强了产品质量检查，因而劳动生产率和经济效果还是提高了。这种由专职检验人员进行的质量管理在 20 世纪 30 年代风行一时，达到了高峰，对于避免因不合格品出厂而给用户造成损失起到了很好的质量把关作用。但这个时期的质量管理，其特点主要是进行质量的检验工作，尤其局限于事后检验，不能预防废品的产生，因而也不能减少因废品而造成的损失。

随着生产效率的不断提高，变消极把关为积极预防的要求越来越迫切。1924 年，美国贝尔电话研究所的工程师和数理统计学家休哈特首先把数理统计概念和方法应用到管理中去，提出了控制生产过程进行产品缺陷预防的做法，即“3σ”图法，也就是现在广泛应用的质量控制图。1931 年，休哈特将自己陆续发表的若干论文以及设计的质量管理方案和控制图汇集在一起，出版了《工业产品质量经济管理》）一书。这使他成为把管理统计方法应用到质量管理的先驱。休哈特的主要贡献在于：应用他所提出的基于统计方法的生产过程控制理论和方法，能够在生产线上有效地、科学地保证预防性原则的实现。在产品的制造过程中，产品质量特性值总是波动的。按照休哈特的观点，这种波动可以分成两大类：一类是由偶然因素造成的偶然波动，另一类是由于某种系统性因素的存在造成的异常波动。前者在生产过程中始终存在，是不可避免的，但对产品质量的影响较小。后者对产品质量影响甚大，在生产过程中时有时无，但却是可以避免的。应用休哈特提出的控制图能够及时发现异常波动，当发现异常波动时尽快采取有效措施除去系统性因素，以保证它不再出现，从而达到质量预防的作用。

控制图的应用基础是生产过程质量特性值的采样检验。1929 年，同属贝尔试验室的道奇和罗米格共同提出在破坏性检验场合的“抽样检查表”建立了相应的抽样检验方案，解决了对不能采用全数检查（例如破坏性检查）和不宜采用全数检查的产品进行统计抽样检查的问题。与此同时，瓦尔德提出逐次抽检（序贯抽检）的统计学检验方法。

1931 年，休哈特又将英国统计学家费舍提出的小样本统计学应用于改善制造工序的工序质量。控制图、抽样检查和小样本统计学这三种方法，作为将数理统计原理用于对产品质量进行控制的主要方法奠定了统计质量管理的基础。

当时一些企业，如威斯汀豪电气公司等，在质量管理中运用休哈特的理论，取得了显著成效。但到了 20 世纪 20 年代末 30 年代初，由于资本主义世界经济危机的冲击，商品滞销，产品大量积压，生产力下降，致使这种方法未能得到广泛的应用。因此，一直到 30 年代末 40 年代初，绝大多数企业仍采用事后检验的质量管理方法。

（2）统计质量控制（Statistical Quality Control，SQC）

统计质量控制是用数理统计的方法控制整个生产过程的质量。它始于第二次世界大战期间。由于战时的需要，美国大批民用公司改为生产军需品，当时面临的严重问题是：由于事先无法预防废品发生，使得武器质量难以保证。在欧洲战场上，美军炮弹炸膛事件层出不穷，造成大量伤亡事故。同时由于质量差，不能按期交货，也严重影响了战争所需军用物品的供应。为了在军工生产中克服产品质量不稳定的问题以及增加产量、降低成本并能及时交货，美国政府开始大力提倡和推广用统计质量控制方法进行质量管理。于是美国国防部于 1942 年把休哈特等一批专家召集起来，用数理统计方法制定了战时质量管理标准，即《质量管理指南》《数据分析用的控制图方法》和《生产中的质量管理用控制图》。随后，在全国各地宣讲标准，由国防部强制推行，半年后见成效，成功地解决了武器等军需品的质量问题，使美国的军工生产在数量上、质量上和经济上都占世界领先地位。

由于采用了预防废品的统计质量控制方法，给这些军工企业带来了巨额利润。战后，这些战时军需品的公司在转入民用品生产后，仍然采用这一方法，而其他企业也竞相仿效。统计质量控制方法成为质量管理的主要内容。在这个阶段，由于采用了数理统计方法对过程质量进行控制，开始改变过去陈旧的检验方式，同时突破了单纯事后检验的局限，逐渐实现了预防控制的要求，把质量管理工作放在了科学的基础上。

统计质量管理由于着重应用统计学的方法进行质量控制和质量检验，强调对生产制造过程的预防性控制，使质量管理由单纯依靠质量检验事后把关，发展到突出质量的预防性控制与事后检验相结合的工序管理，成为进行生产过程质量控制强有力的工具，这种方法的应用使制造企业减少了不合格品的产生，降低了生产费用，与单纯的事后检查的消极方式相比，向前迈进了一大步。但由于统计质量管理过分强调统计方法的应用，而产生忽视组织管理和生产者能动性的缺点，加之数理统计方法本身深奥难懂，致使人们误认为“质量管理好像就是数理统计方法”“质量管理是少数数学家和学者的事情”。因而，对质量管理产生一种高不可攀和望而生畏的成见，影响质量管理方法的普及，限制了它的发展。

（3）全面质量管理

进入 20 世纪 50 年代之后，随着社会生产力的迅速发展，科学技术日新月异，工业生产手段越来越现代化，工业产品更新换代也越来越频繁。特别是电子技术的进步，生产自动化、航天技术、军事工业以及大型系统工程的需要，开始引进可靠性的概念，对产品质量要求更高、更严格。例如美国的“阿波罗”飞船和“水星五号”运载火箭，其零件高达 560 万个，如果零件的可靠性只有 99.9%，则飞行中就可能有 5600 个零件要发生故障，后果不堪设想。为此，全套装置的可靠性要求在 99.9999%，在 100 万次动作中只允许失灵一次，连续安全工作时间要在 1 亿到 10 亿小时。要达到这样高的要求，单纯依靠统计方法控制生产过程是很不够的，还需要一系列的组织管理工作，要对设计、准备、制造、销售和使用等环节都进行质量管理。这样，新的历史条件和经济形势对质量管理提出了新的要求，使质量管理从SQC向更高级的全面质量管理发展。促使全面质量管理出现的直接原因主要有三个方面。

1）随着产品性能的高级化、结构的复杂化和品种规格的多样化，对产品质量，尤其是可靠性和安全性提出了越来越高的要求。而要提高产品的可靠性与安全性，单纯依靠统计方法对生产制造过程进行控制难以解决。

2）自泰勒创立科学管理理论以来，管理科学出现了各种学派。其中梅约的“行为科学”和西蒙的“决策理论”对现代企业管理影响较大。它们都强调企业管理中人的主观能动作用，主张实现“工业民主”。受这种影响，质量管理出现了“依靠工人”“自主控制”的“无缺陷运动”和“质量管理小组活动”等，这些活动促使质量管理逐渐成为一项大家共同参与的管理活动。

3）20 世纪 50 年代末开始，由于“保护消费者利益”运动的发生和发展，迫使政府制定法律，制止企业生产和销售质量低劣、影响安全、危害健康的劣质品。制造企业不但要提供性能符合质量标准规定的产品，而且要保证售后正常使用过程中的安全性和可靠性等。质量保证成了质量管理中的一个十分突出的问题。这样就要求企业必须建立贯穿于产品质量形成全过程的质量保证体系，把质量管理的工作转到质量保证的目标上来。

基于上述理由，美国通用电气公司的费根堡姆和质量管理专家朱兰博士等先后提出了全面质量管理的思想。费根堡姆于 1961 年出版了《全面质量管理》一书，主张应改变单纯强调数理统计方法的偏见，把统计方法的应用与改善组织管理密切结合起来，建立一套完整的质量管理体系，以保证经济地生产出可满足用户要求的产品。这一思想经过进一步的完善和发展，形成了一门完整的学科，即全面质量管理（Total Quality Control，TQC）。

全面质量管理，就是对产品质量实施了总体的、综合的管理，并在企业中建立一套完整的质量管理体系，以便生产出可满足用户要求的优质产品。费根堡姆对TQC的定义是：“为了能够在最经济的水平上，在充分考虑到满足顾客要求的条件下，进行市场研究、制造、销售和服务，把企业各部门的研制产品、保持和提高质量的活动，构成一种有效的体系。”中国质量管理协会在《质量管理名词术语》（1982 年）中对全面质量管理内涵的表述为：“全面质量管理是企业全体职工及有关部门同心协力，综合运用管理技术、专业技术和科学方法，经济地开发、研制、生产和销售用户满意产品的管理活动。”

质量管理学不断地吸收其他各种现代科学的成就和最新的技术手段，向深度和广度两个方向发展。由于企业结构、经营管理模式及产品开发模式的变化，出现了许多新的管理模式和产品开发制造模式。如计算机集成制造系（Computer Integrated Manufacturing System，CIMS）和现代集成制造系统（Contemporary Integrated Manufacturing System，CIMS）等先进制造系统，并行工程（Concurrent Engineering，CE）、虚拟制造（Virtual Manufacturing，VM）和敏捷制造（Agile Manufacturing，AM）等先进产品开发模式。与此同时，企业动态联盟以及 Internet 和 Intranet（企业内域网）的产生和发展，都使得质量管理学的发展必须适应这些新的模式和环境。由此出现了各种新的质量管理模式和工具，如以田口设计为代表的稳健设计（Robust Design）、以质量功能展开（Quality Function Deployment，QFD）为代表的保质设计（Design For Quality，DFQ）、集成质量管理、质量管理信息系统及并行工程环境下的质量管理等。质量改进和设计过程质量控制将成为今后质量管理的重点。

5.4.2 ISO9000系列标准

自从国际标准化组织ISO（International Organization for Standardization）于1987年正式颁布ISO9000质量管理和质量保证系列国际标准以来，在短短10年左右的时间内，迅速在世界范围80多个国家内掀起一股实施、应用ISO9000系列标准的热潮，包括美国、日本、欧洲联盟各国和中国，等同或等效采用ISO9000系列标准；30多个国家依据ISO9000成立了专门的质量体系认证机构，开展质量体系的第三方评定和注册；人们公认要在国际市场上做生意，必须首先满足ISO9000系列标准；美国海军部、新加坡国防部等许多国家的政府采购部门都把“ISO9000注册”作为供货合同的要求；在美国，还把ISO9000系列标准比喻为“进入全球质量运动会的规则”。一套国际规范，在这么短的时间内，被这么多的国家采用，影响如此广泛，这在国际标准化历史上是从未有过的现象。人们把这种现象称之为“ISO9000现象”。

1. ISO9000系列标准的形成背景

标准化作为现代化大生产的直接产物，它是随着工业企业生产技术的现代化和经营管理的现代化逐步发展起来的。实施标准化的主要目的是在经济、技术、科学及管理等社会实践中，对重复性的事物和概念通过制定、发布和实施标准，达到统一，以获得最佳秩序和社会效益。科学管理之父泰勒早在1911年就在其名著《科学管理原理》一书中，把“使所有工具和工作条件实现标准化和完善化”列为科学管理的首要原理，为管理标准化开创了先例。

20世纪50年代，随着军事工业的迅速发展，武器装备的复杂程度大为增加，产品质量仅靠检验把关已经无法实现，大量的质量问题在使用过程中逐渐暴露了出来。要真正保证产品的质量，需要生产厂家对产品的生产全过程实施有效的控制。出于这种认识，美国政府在采购军用产品时，不但对产品的技术特性提出了要求，而且对生产厂家还提出了质量保证的要求，并在1959年制订出质量保证的《质量大纲要求》《检验系统要求》及其相应的说明性文件《质量和可靠性保证手册》，从而形成一套完整的标准。

所谓质量保证要求，就是合同产品的全过程需进行过程控制。产品生产的每一步，不仅需要提供证据，用户本身还要介入到这个过程中来，即从单一的事后检验转变成过程控制加事后检验。因为产品的质量是蕴于每一步设计、生产等全过程之中的，每走一步，跟踪一步，提供一个证据，用户现场监督，派代表在关键工序进行监理；用户请专家作为用户代表，同时参与技术设计的评审、技术设计的模拟试验等所有重要的关键活动，并判定这一切是否做了最佳的选择，证明能够使需方的要求真正得到满足。显然，为了使需方在签订合同时能够合理地提出过程控制有效性的证据要求，就提出了对质量保证要求标准化的需求。

美国在质量管理和质量保证规范化方面的成功经验很快被其他工业发达国家军事工业部门所借鉴，此后不久，北大西洋公约组织和英国国防部也对其承包商提出了质量保证的要求，制订了一系列质量管理和质量保证标准。进入20世纪60年代，随着质量管理活动发展到TQC的同时，质量保证活动也逐渐受到重视并开展了起来，制定质量保证标准并对生产企业明确提出这些质量保证要求的做法先后被核电站和压力容器等部门采用，并逐步向普通的民用工业推广。TQC从生产企业的需要出发，为了生产企业自身的生产和利益，在全企业范围内开展质量管理活动，以满足广大顾客对产品质量不断增长的要求；质量保证活动则以契约需方的需求为出发点，需方根据自己的要求，为保护自身的利益对生产企业的质量管理活动从质量保证的角度提出了要求，并把这些要求订入合同，供方必须履行合同中的这些要求。质量保证活动的开展，极大地促进了 TQC 的发展。

20 世纪 70 年代以后，质量已经迅速发展成为商业和工业中的新的着重点，为了供应商业和工业的使用或为满足军事或核工业的需要，世界各工业发达国家都在质量体保证领域制定出了各种国家标准和多国标准。一些标准为指导性文件，而另一些标准则由供需双方在合同中采用。例如，美国机械工程师协会（ASME）在 1971 年将对核电站质量保证的要求，正式形成国家标准《核电站质量保证大纲要求》。这些不同的标准尽管在传统上有某些历史性的共同点，但在细节上还存在许多不一致和差异，形成了贸易壁垒。因此，不能广泛用于国际贸易。企业为了获得市场，往往不得不付出巨大的努力满足形形色色的质量管理体系要求，而且在不同的标准中，在商业和工业实践中，由于名词术语不一致，甚至是混乱的，给生产实践造成极大困难。

进入 20 世纪 80 年代，在国外，用户又纷纷提出对供方质量体系的要求，要求供方建立适合的质量管理体系来确保产品质量。而在生产厂家方面，随着产品质量认证活动的开展，也有了开展产品质量保证活动的需要，希望借此提高企业和产品的信誉，增强竞争能力。正是在这样的背景下，ISO9000 系列标准应运而生。ISO9000 系列标准的制订和应用，使质量管理进入了一个新的历史时期，即“ISO9000 现象”时期。

关于 ISO9000 系列标准的产生背景和原因，可以概括为以下几方面：

1）企业的生存和发展需要是 ISO9000 系列标准产生的重要原因。

2）各国的质量政策为 ISO9000 系列标准的产生提供了条件。

3）各国开展质量管理和质量保证活动的成功经验导致了 ISO9000 系列标准的诞生。

4）保护消费者权益及其社会公共利益活动促进了 ISO9000 系列标准的发展。

5）产品责任制度的兴起促进了 ISO9000 系列标准的广泛采用。

6）激烈的国际贸易竞争加速了 ISO9000 系列标准的形成。

2．ISO9000 系列标准的基本术语

长期以来，质量领域中的许多概念和术语，往往被赋予不同的解释。这样，使得对某些概念缺乏共同的认识，增加了相互交流和理解的难度。为了澄清通用的质量术语用法使其科学化和规范化，以利于国际交流活动，国际标准化组织（ISO）于 1986 年经过 ISO/TC176/SC1 研究，制定了 ISO8402 质量术语标准，该标准是关于质量和质量管理的术语标准，其目的是明确在质量管理领域里采用的质量术语概念，并将其标准化。2000 年颁布实施的 ISO9000：2000（质量管理体系—基础和术语）进一步规范了质量及质量管理的术语和定义。随着产品质量在国际贸易和人们经济活动中的地位的日益提高，人们对质量以及质量管理的认识、实践和研究也在不断深入，一部分术语的概念扩大了含义，逐渐形成更加准确和科学的质量术语标准。

（1）过程的概念

过程是指“一组将输入转化为输出的相互关联或相互作用的活动”（ISO9000：2000-3.4.1）。

“所有工作都是通过过程来完成的”已成为现代质量管理的一个基本的观点。每一过程都有输入和输出。输入是过程的依据，输出是过程的结果。输出可以是有形的产品，如一台设备，也可以是无形的产品，如一项服务。过程本身作为一种增值转换，要用到资源。资源包括人员、资金、设施、设备、技术和方法。过程又表现为一系列活动及活动间的相互联系。在过程的输入端、过程的各个阶段或不同位置、过程的输出端存在着监测和控制的切入点。在一个组织内，整体上可分为三种类型的过程，它们相互联系、相互作用。

这三种类型的过程如下。

1）形成产品和服务的过程。该过程包括了质量环中的各个环节，是产品和服务及其质量形成的基本过程，对产品和服务的质量有着直接的影响，起着决定性的作用。

2）支持产品和服务的过程。该过程是那些对产品和服务的形成起着支持或辅助作用的过程，如各种检验和试验设备的控制、不合格品的控制、纠正措施的采取、人员的培训、资格认定、统计方法的选择和应用等这些过程虽然不直接影响形成产品和服务，但它们对产品和服务的质量有着重要的支持性的、辅助性的或基础性的作用。

3）管理性的过程，该过程是指对产品和服务的形成及其支持过程进行管理的过程。

（2）产品的概念

产品是“过程的结果”（ISO9000：2000-3.4.2）。产品是过程所产生的结果，没有过程就不会有产品。但是这种结果可以是人们所期望的结果，即满足顾客某种特定需要的东西，也可以是人们所不期望的结果如污染。

产品的定义准确地为供方提供了向顾客交接时的一致性依据。根据这个依据，供方可对顾客做必要的和有限制性的说明。此外，本术语强调了“产品”应当包括无形服务这一广泛概念。

（3）组织的概念

在质量管理领域，组织定义为“职责、权限和相互关系得到有序安排的一组人员及设施”（ISO9000：2000-3.3.1）。由“组织”的定义，组织离不开人员和设施，即资源。组织有着自己的结构，即组织机构。组织机构实现了组织中人员职责、权限和相互关系的有序安排。组织的目的是提供产品，如硬件产品、软件产品、流程性材料或服务。

具有自身的职能和行政管理的公司、集团公司、商行、企事业单位、研究机构、慈善机构、代理商、社团或上述组织的一部分或组合，不论其是否股份制、公营或私营，都可称为一个组织。

根据“组织”在供应链关系中所处的地位，有时称作“供方”“承包方”“分承包方”“顾客”或“采购方”等，以分清“组织”在供应链中的关系。

供方是“提供产品的组织或个人”（ISO9000：2000-3.3.6）。例如制造商、批发商、产品的零售商或商贩、服务或信息的提供方。供方既可以是顾客组织内部的，也可以是外部的。

顾客是“接收产品的组织或个人”（ISO9000：2000-3.3.5）。顾客可以是消费者、客户、最终使用者、零售商、受益者或采购方。同样，顾客既可以是供方组织内部的，也可以是外部的。一般将“合同情况下的供方”称为承包方，将“合同情况下的顾客”称为采购方。

（4）质量的概念

质量是质量管理的对象，正确、全面地理解质量的概念，对开展质量管理工作十分重要。在质量管理发展的不同历史时期，人们对质量这一概念的理解在不断变化，一直向着更深化、更透彻和更全面的方向发展。在相当长的一段时间里，人们普遍把质量理解为“符合性”，即产品符合规定要求，或者说符合设计要求的程度。直到 20 世纪 60 年代，朱兰对质量给出了一个基本的定义，即“质量就是适用性”。目前，朱兰的这个定义在世界上仍然被普遍接受。日本质量管理专家认为质量是“产品出厂后，用户在使用过程中所造成的损失”。也有人把质量定义为“用户满意”。尽管这些定义从不同的方位描述了质量的本质，但都带有一定的局限性。ISO/TC176 综合了上述观点，在国际标准 ISO9000：2000 中对质量作了比较全面和准确的定义：“一组固有特性满足要求的程度”（ISO9000：2000-3.1.1）。

（5）质量管理

由于管理是指“指导和控制组织的彼此协调的活动”（ISO9000：2000-3.2.6）。质量管理是“指导和控制某组织与质量有关的彼此协调的活动”（ISO9000：2000-3.2.8）。

与质量有关的活动，通常包括质量方针和质量目标的建立、质量策划、质量控制、质量保证和质量改进。因此，质量管理可进一步解释为确定和建立质量方针、目标和职责，并在质量体系中通过诸如质量策划、质量控制、质量保证和质量改进等手段来实施的全部管理职能的所有活动。

质量管理是企业围绕使产品质量满足不断更新的质量要求而开展的策划、组织、计划、实施、检查和监督审核等所有管理活动的总和，是企业管理的一个中心环节。其职能是负责确定并实施质量方针、目标和职能。一个企业要以质量求生存，以品种求发展，积极参与到国际竞争中去，就必须制订正确的质量方针和适宜的质量目标。而要保证方针、目标的实现，就必须建立健全质量体系，并使之有效运行。建立质量体系工作的重点是质量职能的展开和落实。

为满足用户对质量提出的越来越严格的要求，企业必须开展一系列的技术活动和管理活动，包括质量策划及质量控制、质量保证和质量改进等，并对这些活动进行精心的计划、组织、协调、审核及检查，以实现质量计划目标。所有这些活动统称为质量管理。

质量管理必须由企业的最高管理者领导，这是实施质量管理的一个基本条件。质量目标和职责逐级分解，各级管理者都对目标的实现负责。质量管理的实施涉及企业的所有成员，每个成员都要参与到质量管理活动之中，这是现代质量管理也就是全面质量管理的一个重要特征。全面质量管理是基于组织全员参与的一种质量管理形式。

（6）质量方针

质量方针是“由组织的最高管理者正式颁布的该组织总的质量宗旨和方向”（ISO9000：2000-3.2.4）。

1）质量方针应与组织的总方针相一致并提供制定质量目标的框架。

2）质量管理的八项原则，即以顾客为中心的领导作用、全员参与、过程方法、管理的系统方法、持续改进、基于事实的决策方法、互利的供方关系、可以作为制定质量方针的基础。

质量方针是企业总方针的一个组成部分，由最高管理者批准。它是企业的质量政策，是企业全体职工必须遵守的准则和行动纲领，是企业长期或较长时期内质量活动的指导原则，它反映了企业领导的质量意识和决策。

例如，某汽车公司的质量方针是“成为最佳”。它要求每个职工和每个单位完全了解其用户的要求，并以完美无瑕的产品和服务满足用户的要求。又如，某电缆厂的质量方针是“以‘振兴、求实、从严、创新’的精神，坚持‘以科技为先导，以质量为主线’的指导思想，走科技兴厂、管理增收的道路”。科技兴厂，是以产品开发为龙头，“质量第一”为目标，强调产品的适用性，满足国家发展的需要。不断提高并发挥技术和管理优势，以优质的产品、优良的服务、合理的价格赢得用户信任，做到“用户至上、信誉第一”，以管理增效益。

（7）质量目标

质量目标是“与质量有关的、所追求或作为目的的事物”（ISO9000：2000-3.2.5）。

1）质量目标应建立在组织的质量方针基础上。

2）在组织内的不同层次规定质量目标。在作业层次，质量目标应是定量的。

质量方针是总的质量宗旨、总的指导思想，而质量目标是比较具体的、定量的要求。因此，质量目标应是可测的，并应与质量方针，包括与持续改进的承诺相一致。

质量目标应覆盖那些为使得能满足产品要求而确定的各种需求。因此，质量目标一般是按年度提出的在产品质量方面要达到的具体目标，如产品的质量特性、功能要达到什么样的先进水平；产品一等品率要提高的百分比；产品的废品率比上一年度降低的比率；销售后的返修率减少的百分比等。

最高管理者应确保在组织内部的相应职能和层次上建立质量目标。制订质量目标要有经济观点，不应是质量越高越好的“质量至善论”，要以能满足用户需要为宗旨。质量目标制定后，应分解到有关单位和个人，因为要实现质量目标，还需要各级组织开展相应的活动，这些活动又有各自的具体目标。因此，必要时，各级管理部门可相应规定符合企业质量方针和总体目标的各部门质量目标，研究制订具体的实现目标的措施。

（8）质量策划

质量策划是“质量管理中致力于设定质量目标并规定必要的作业过程和相关资源以实现其质量目标的部分”（ISO9000：2000-3.2.9）。

最高管理者应对实现质量方针、目标和要求所需的各项活动和资源进行策划，并且策划的输出应文件化。

质量策划是质量管理中的筹划活动，是企业领导和管理部门的质量职责之一。企业要在市场竞争中处于优胜地位，就必须根据市场信息、用户反馈意见、国内外发展动向等因素，对老产品改进和新产品开发进行筹划，确定研制什么样的产品，应具有什么样的性能，达到什么样的水平，提出明确的目标和要求，并进一步为如何达到这样的目标和实现这些要求从技术、组织等方面进行策划。

例如，对合同要求的复杂产品，为满足合同的质量要求，企业需根据现有设计、制造能力，提出生产技术组织措施计划，包括引进设备和技术、工艺攻关、设备改造、人员培训等，并为此开展一系列的筹划和组织活动，提出明确的目标和要求，以及实施的进度安排等。上述筹划活动都属于“质量筹划”的范畴。

必须注意质量策划与质量计划的差别，质量策划强调的是一系列活动，而质量计划却是一种书面的文件，但编制质量计划可以是质量策划的一部分。

（9）质量保证

质量保证是“质量管理中致力于对达到质量要求提供的部分”（ISO9000：2000-3.2.11）。

由质量保证的定义可知，“质量保证”已不是一般意义上的“保证质量”，它已成为一个专用名词，具有特殊的含义。它的基本思想强调对用户负责，其思路是：为了使用户或其他相关方能够确信组织的产品、过程和体系的质量能够满足规定的质量要求，就必须提供充分的证据，以证明组织有足够的能力满足相应的质量要求，其中所提供的证据应包括质量测定证据和管理证据。为了提供这种“证据”，组织必须开展有计划、系统的活动。例如，应首先加强质量管理，建立健全质量体系，针对具体的合同产品制定出相应的完整、系统的质量控制方案和方法，并在实施过程中认真履行。在此基础上，企业要有计划、有步骤地开展或采取各种活动，使用户能够真正了解到企业的实力、业绩、管理水平、技术水平及对合同产品在设计、生产各阶段主要质量控制活动和内部质量保证活动的有效性，使对方建立信心，相信提供的产品能够达到所规定的要求。因此，质量保证的主要工作应是通过进一步完善企业质量管理，加强产品质量控制，以便准备客观证据表明企业具有满足用户质量要求的实力，并根据用户要求有计划、有步骤地开展提供证据的活动。

质量保证分为内部质量保证和外部质量保证。内部质量保证是为了使组织（企业）领导确信本组织提供的产品或服务等能够满足质量要求所进行的活动。外部质量保证是为了使用户确信本组织提供的产品或服务等能够满足质量要求所进行的活动。

（10）质量控制

质量控制是指“质量管理中致力于达到质量要求的部分（ISO9000：2000–3.2.10）。

质量控制的目标是确保产品质量能满足用户的要求。为实现这一目标，需要对产品质量产生、形成全过程中所有环节实施监控，及时发现并排除这些环节有关技术活动偏离规定要求的现象，使其恢复正常，从而达到控制的目的，使影响产品质量的技术、管理及人的因素始终处于受控的状态下。

为了使控制发挥作用，必须注重以下三个环节：

1）凡影响达到质量要求的各种作业技术和活动要制定计划和程序。

2）保证计划和程序的实施，并在实施过程中进行连续的评价和验证。

3）对不符合计划和程序活动的情况进行分析，对异常活动进行处置并采取纠正措施。

另外，还需注意质量控制的动态性。由于质量要求随着时间的进展而不断变化，为了满足新的质量要求，对质量控制要不断更新要求，应通过不断提高设计技术、工艺水平、检测水平，不断进行技术改进和技术改造，研究新的控制方法，不断开发新产品，改进老产品，以满足不断更新的质量要求。因此，质量控制不能停留在一个水平上，应不断发展、不断前进，这是永无止境的。

（11）质量改进

质量改进是指“质量管理中致力于提高有效性和效率的部分”（ISO9000：2000–3.2.12）。其中有效性是指“完成策划的活动并达到所策划的结果的程度的度量”（ISO9000：2000–3.2.13）。效率是指“所达到的结果与所使用的资源之间的关系”（ISO9000：2000–3.2.14）。

由质量改进的定义，质量改进的目的是向组织自身和顾客提供更多的利益，如更低的消耗、更低的成本、更多的收益以及更新的产品和服务等。质量改进是通过整个组织范围内的活动、过程的效果和效率的提高来实现的。组织内的任何一个活动和过程的效果和效率的提高都会导致一定程度的质量改进。质量改进不仅与产品、质量、过程以及质量环等概念直接相关，而且也与质量损失、纠正措施、预防措施、质量管理、质量体系、质量控制等概念有着密切的联系。质量改进是通过不断减少质量损失而为本组织和顾客提供更多的利益的，是通过采取纠正措施和预防措施而提高活动和过程的效果和效率的。质量改进是质量管理的一项重要组成部分或支柱之一，它通常在质量控制的基础上进行。

由于“产品是过程的结果”以及“所有工作都是通过过程来完成的”这样一些质量管理

的基本概念，质量改进应是一种渐进的行为，并应基于过程的持续改进。

3. ISO9000 系列标准的世界性趋势

ISO9000 系列标准的巨大成功及“ISO9000 现象”的形成，说明了 ISO9000 系列标准已迅速成为质量管理和质量保证的世界性趋势。目前，在国际市场上，ISO9000 系列标准已经成为评估产品质量和合格质量管理体系的基础，许多国家都把它作为第三方质量体系认证注册计划的基础。随着对该系列标准的了解、认识和赞赏，采用的国家和领域越来越多。ISO9000 系列标准的世界性趋势主要表现在以下几个方面：

1）迅速被世界各国标准化机构采纳。

2）获得了工业界的广泛认同，在各种行业都得到采用。ISO9000 系列标准已广泛应用于世界各国的各种工业领域。军用和民用飞机、计算机硬件与软件、医疗器械、汽车、电子产品、石油化工等各类产品的生产制造业以及交通运输、金融、餐饮等各服务行业都在实施 ISO9000 系列标准。

3）已成为国际化产品认证制度的基础。欧盟已将 ISO9000 系列标准作为其认证或认可制度的基础。欧盟在立法中规定，供应商必须取得 ISO9000 注册，才能进入欧洲联盟市场。许多国家的一级及一些国际一级产品认证制度，如英国的风筝标志、日本的 JIS 标志、美国的适航性认证都把 ISO9000 系列标准作为取得产品认证的首要条件，它们都已把 ISO9000 系列标准结合到了产品认证计划。

4）世界各国各类企业纷纷响应。国际化的大公司，尤其是跨国公司，纷纷响应并采纳 ISO9000 系列标准。据估计，目前世界各国已通过 ISO9000 质量体系认证的各类企业不下 10 万家，甚至更多。

5）各国政府的积极参与。许多大型的政府采购集团，如英国国防部、新加坡国防部、美国海军部等，都用 ISO9000 系列标准中的要求与其供货商签订合同。

4. ISO9000 系列标准的指导思想

为了提高市场竞争能力，以保持良好的经济效益，企业所提供的产品必须满足顾客的需要或要求，并要通过建立或使用更加行之有效的体系保证质量的持续改进，不断提高顾客的满意程度。

为指导企业搞好质量管理，建立健全质量管理体系，导致了质量管理体系标准的产生。制定 ISO9000 系列标准的指导思想，就是通过提供一个通用的质量管理体系标准，帮助企业建立健全质量管理体系，进一步提高企业的质量意识和企业的质量保证能力，增强企业素质，适应市场需要，使企业在日趋激烈的市场竞争中处于不败之地。

质量管理体系标准不涉及产品质量的具体技术规范，而是对质量管理体系的建立、健全及其有效运作提出了规范性要求。因此，ISO9000 系列标准不能代替对产品质量的技术要求，而是对技术要求的必要补充。只有在产品的技术规范制订的合理、正确，企业的质量管理体系能有效运行这两个条件同时满足的情况下，才能保证生产出使顾客满意的产品。

5. ISO9000 系列标准的重要意义

（1）贯彻和实施 ISO9000 系列标准的重要意义

1）ISO9000 为发展外向型经济提供通用的语言，促进世界贸易的开展。

依据 ISO9000 系列标准建立质量管理体系已成为世界性的趋势。ISO9000 系列标准已被世界上几乎所有的工业发达国家的标准化机构所采纳，并获得了工业各界的普遍认同，广泛应用于各种行业。ISO9000 系列标准已经成为企业开展国际贸易的通用语言，企业只有获得了 ISO9000 认证，才能在国际市场上做生意。通过 ISO9000，消除了在产品质量及其保证方面的各种壁垒，促进了世界贸易的开展。

2）实施 ISO9000 系列标准有利于保护消费者利益。

现代科学技术的飞速发展，使产品向高科技、多功能、精细化、复杂化和多样化的方向发展。但是，消费者在采购或使用这些产品时，一般都没有能力在技术上对产品进行鉴别。即使产品是按照技术规范生产的，但当技术规范本身不完善或企业质量管理体系不健全时，产品也无法达到规定的或潜在的需要。贯彻执行 ISO9000 系列标准，建立完善的、有效的质量管理体系，使影响产品质量的各种因素始终处于受控状态，稳定地生产满足需要的产品，这无疑对消费者是最为有利的事情，是对消费者利益的最有效的保护。

3）贯彻 ISO9000 系列标准是提高产品质量、发展品种、增加效益的有效措施。

产品是企业多种生产经营活动的综合反映。在产品质量形成的整个过程中影响质量的因素很多，企业必须建立完善的、有效的质量管理体系，控制各种因素减少或消除质量缺陷的产生。一旦产生质量缺陷，也能及时发现并采取措施，只有这样才能使产品质量保持稳定并持续改进、提高，使质量损失减少。

4）加强质量管理工作的标准化。

ISO9000 系列标准是在总结了英、美等工业发达国家半个多世纪以来质量管理和质量保证经验的基础上，尤其是质量管理和质量保证标准化工作和成果的基础上，通过大量质量管理专家经过近 10 年的协调努力才得以制定完成的。它融合了工业发达国家在质量管理与质量保证的长期实践中所取得的先进成果和经验，使质量管理工作的普遍特征实现了有效的标准化。它的出现标志着质量管理和质量保证工作走向了规范化、程序化、科学化和国际化的新高度，为质量保证和质量管理带来了国际范围内的协调。

（2）基于 ISO9000 建立健全质量管理体系，在此基础上进一步做好全面质量管理工作

依据 ISO9000 系列标准，建立组织的质量管理体系是一个组织实现全面质量管理的基本条件或基础，而不是一个组织全面质量管理的全部。如上所述，ISO9000 系列标准使得组织在建立其质量管理体系时走向规范化、程序化、科学化和国际化，它强调质量管理工作的符合性，力图建立组织的质量管理行为规范；它强调组织的自我审核，是组织质量管理体系有效运行的有力保障；它强调组织的管理者、工作人员和全社会的质量意识，使组织各级机构的质量职责明确化、法规化；它强调对质量管理工作的文件化描述，要求建立完善和透明的工作程序和工作环境。这些都是 ISO9000 系列标准的优点。但 ISO9000 系列标准，尤其较早的一些版本，由于过分强调文件化的结果，使得质量管理人员陷入烦琐文字的案头工作，导致大量繁文缛节的书面工作，并可能导致组织墨守成规，甚至失去灵活性；ISO9000 认证造成一些组织对 ISO9000 认证的不正确认识和追求，导致这些组织只满足于对质量管理工作标准形式上的或文件上的符合，把太多的时间和精力花费在现实的证书上，忽略了解决实际的质量管理问题和产品质量的不断改进。

据一些研究指出，我国到 1996 年底，认可的 ISO9000 认证机构达 20 多个，获得认证的企业 600 多家，但在已获得认证证书的企业中，30%的企业通过认证后，产品质量提高不明显；30%左右的企业通过认证后产品质量下降；少数企业甚至通过认证之后破了产；只有 15%的企业通过 ISO9000 认证获得较好的效果。据估计，全世界十多万家已获得 ISO9000 认

证的组织中，有超过一半的组织建立质量管理体系的目的就是为了一张证书。在谈到ISO9000系列标准时，朱兰博士也提醒人们，千万不要以为通过ISO9000认证，产品质量就是有了保证。朱兰博士指出尚无可靠的研究表明那些经过ISO9000认证的公司确实可以提供比未经认证的公司更好的质量。所以，要搞好一个组织的质量管理，单靠ISO9000及基于ISO9000系列标准建立质量管理体系是不够的，还必须研究具体的质量管理技术，积极采用先进的质量管理方法和工具，在组织内部和产品质量形成的整个生命周期开展质量改进的工作，实施以用户为中心、预防为主、全员参加的全面质量管理。

【案例8】

某涂料厂生产丙烯酸系列内、外墙涂料，质检科长说他们的产品分别执行国家关于内、外墙涂料的两份通用标准。但是该厂涂料有十多个品种，其产品说明书声称各种指标参数分别高于国家标准的规定，并且价格也相差十余倍。

该厂提供了每年按国家标准规定做的型式试验报告，但没有说明是送哪个品种去做的型式试验，报告仅记录了按国标要求各项参数结论为“合格”，但没有提供高于国家标准要求的试验证据。

质检科长说：“涂料检测站都是只按上述两份国家标准检测的。”

审核员问：“你们没有针对不同的涂料制定企业标准吗？”

质检科长说：“没有。”

【案例分析】 由于该厂涂料品种有十余种，价格也相差十余倍，可见产品的性能肯定也有很大差别，而且该厂对外声称其产品性能高于国家标准，就应拿出高于国家标准的证据。对这些产品的型式试验就应该按高于国家标准的要求来做，因为国家标准不能覆盖这些产品的要求。企业应该制定高于国家标准的企业标准，并按企业标准要求进行型式试验。

本案违反了标准“8.2.4 产品的监视和测量”规定的“组织应对产品的特性进行监视和测量，以验证产品要求得到满足。这种监视和测量应依据策划的安排，在产品实现过程的适当阶段进行。”

【案例9】

某公司新产品研制均由产品设计工艺负责人负责，从研制到投产所有技术问题均由他一个人负责。

审核员想了解对产品工艺的有关规定，开发部经理说：“这些东西都在产品设计工艺负责人脑子里，为了保密，在个人的笔记本里有记录，没有整理成文件。”

审核员要求查看笔记本，经理拿来一个项目的笔记本，审核员看到上面密密麻麻写了很多的内容，多是平时做试验的记录，没有一定的格式。

审核员问开发部经理：“你看得明白吗？”

经理说：“都是当事人自己记的，我一般不看他们的记录，一切由产品设计工艺负责人自己负责。”

审核员看到该公司多数的研制人员都是原来从研究所出来的，平均年龄大概50岁以上。

审核员问：“这些笔记本以后上交吗？”

经理：“没有明确的规定。”

审核员：“如果设计人员不在了怎么办？”

经理：“不知道，好多年来都是这么规定的，没考虑以后的事。”

【案例分析】 公司这样的做法显然是不对的，为了保密可以将文件根据实际情况按密级分类保管。保管在个人手里，实际上很难确保对这些资料进行控制。本案例违反了标准质量管理体系文件的有关规定。

5.4.3 质量管理的基本原则

随着全球竞争的不断加剧，质量管理越来越成为所有组织管理工作的重点。为了成功地领导和运作一个组织，首先需要营造一种良好的组织文化和组织质量文化，此外，要积极采用系统和透明的方式进行管理，并且要针对市场的需求建立、实施、保持可持续改进其业绩的管理体系，以保证向顾客提供高质量的产品。为实现组织的质量目标，一个组织的质量管理工作应遵循一定的质量管理原则。

以下所述的质量管理的八项原则由 ISO/TC176/SC2/WG15 结合 ISO9000 系列标准 2000 年版制订工作的需要，通过广泛的调查制订而成，并由 ISO/TC176/SC2/N376 号文件予以发布。2000 年版 ISO9000 和 ISO9004 标准都提及和引用了该质量管理的八项原则。

质量管理八项原则是一个组织在质量管理方面的总体原则，这些原则需要通过具体的活动得到体现。下面对质量管理的八项原则及其涉及的主要活动及其重要意义做一个说明。

1.“以顾客为中心”原则

组织依存于他们的顾客，因而组织应理解顾客当前和未来的需求，满足顾客需求并争取超过顾客的期望。

（1）实施本原则，组织要开展以下活动

1）全面地理解顾客对于产品、价格、可靠性等方面的需求和期望。

2）谋求在顾客和其他受益者（所有者、员工、供方、社会）的需求和期望之间的平衡。

3）将这些需求和期望传达至整个组织。

4）测定顾客的满意度并为此而努力。

5）管理与顾客之间的关系。

（2）实施本原则的重要意义

1）对于方针和战略的制定，使得整个组织都能理解顾客以及其他受益者的需求。

2）对于目标的设定，能够保证将目标直接与顾客的需求和期望相关联。

3）对于运作管理，能够改进业绩以使得组织能更好地满足顾客的需求。

4）对于人力资源管理，保证员工具有满足组织的顾客所需要的知识与技能。

2.“领导作用”原则

领导者将本组织的宗旨、方向和内部环境统一起来，并营造使员工能够充分参与实现组织目标的环境。

（1）实施本原则，组织领导要开展以下活动

1）努力进取，起模范带头作用。

2）了解外部环境、条件的变化并对此做出响应。

3）考虑到包括顾客、所有者、员工、供方和社会等所有受益者的需求。

4）明确地提出组织未来的前景。

5）在组织的各个层次树立职业道德典范。

6）在组织的内部、外部环境，建立信任感，消除恐惧心理。

7）向员工提供所需要的资源和在履行其职责和义务方面的自由度。

8）鼓舞、激励和承认员工的贡献。

9）进行开放式的、真诚的相互交流。

10）教育、培训并指导员工。

11）设定具有挑战性的目标。

12）推行组织的战略以实现这些目标。

（2）实施本原则的重要意义

1）对于方针和战略的制定，组织的未来有明确的前景。

2）对于目标的设定，将组织未来的前景转化为可测量的目标。

3）对于运作管理，通过授权和员工的参与，实现组织的目标。

4）对于人力资源管理，具有一支经充分授权、充满激情、信息灵通和稳定的劳动力队伍。

3. “全员参与”原则

各级人员是组织之本，只有他们的充分参与，才能使他们的才干为组织带来最大的收益。

（1）实施本原则，员工要开展以下活动

1）承担起解决问题的责任。

2）主动寻求机会进行工作改进。

3）主动寻求机会来加强技能、知识和经验。

4）在团队中自由分享知识和经验。

5）为顾客创造价值。

6）不断创新。

7）更好地向顾客和社会展示自己的组织。

8）从工作中得到满足感。

9）作为组织的一名成员而感到骄傲和自豪。

（2）实施本原则的重要意义

1）对于方针和战略的制订，员工能够有效地对改进组织的方针和战略目标做出贡献。

2）对于目标的设定，员工承担起对组织目标的责任。

3）对于运作管理，员工参与适当的决策活动和对过程的改进。

4）对于人力资源管理，员工对他们的工作岗位更加满意，积极地参与有助于个人的成长和发展，符合组织的利益。

4. “过程方法”原则

将相关的资源和活动作为过程进行管理，可以更高效地得到期望的结果。

（1）实施本原则，组织要开展以下活动

1）对过程给予界定，以实现预期的目标。

2）识别并测量过程的输入和输出。

3）根据组织的作用，识别过程的界面。

4）评价可能存在的风险、因果关系以及内部过程与顾客、供方和其他受益者的过程之间可能存在的相互冲突。

以过程为基础的质量管理体系模式如图 5-17 所示。

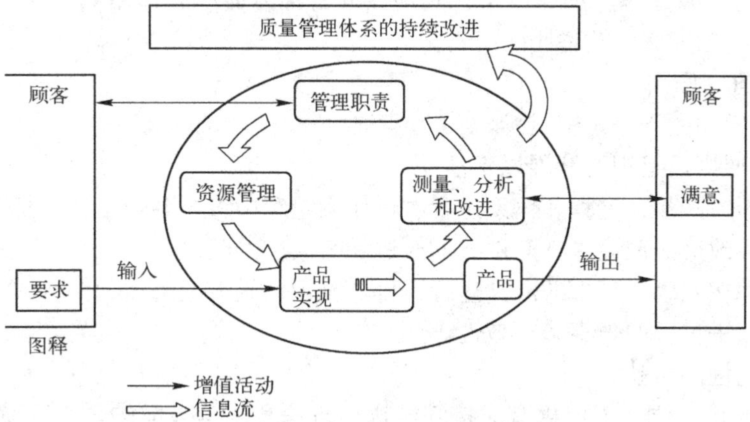

图 5-17　以过程为基础的质量管理体系模式

5）明确规定对过程进行管理的主要权限和义务。

6）识别过程内部和外部的顾客、供方和其他受益者。

7）在设计过程时，应考虑过程的步骤、活动、流程、控制措施、培训需求、设备、方法、信息、材料和其他资源，以达到预期的结果。

（2）实施本原则的重要意义

1）对于方针和战略的制订，更好地使用资源，整个组织利用确定的过程，能够增强结果可预见性，缩短循环时间，降低成本。

2）对于目标的设定，了解过程能力有助于确立更具有挑战性的目标。

3）对于运作管理，采用过程的方法，能够以降低成本、避免失误、控制偏差、缩短循环时间、增强对输出的可预见性的方式得到最佳的运作结果。

4）对于人力资源管理，可降低在人力资源管理（如人员的租用、教育与培训等）过程的成本，能够把这些过程与组织的需要相结合，并造就一支有能力的劳动力队伍。

5.“管理的系统方法”原则

针对设定的目标，识别、理解并管理一个由相互关联的过程所组成的体系有助于提高组织的有效性和效率。

（1）实施本原则，组织要开展以下活动

1）通过识别或展开影响既定目标的过程来定义体系。

2）以最有效地实现目标的方式建立体系。

3）理解体系的各个过程之间的内在关联性。

4）通过测量和评价，持续地改进体系。

5）在采取行动之前确立关于资源的约束条件。

（2）实施本原则的重要意义

1）对于方针和战略的制定，制定出与组织的作用以及与过程输入相关联的、全面的、具有挑战性的目标。

2）对于目标的设定，将各个过程的目标与组织的总体目标相关联。

3）对于运作管理，对过程的有效性进行广泛的评审，可了解问题产生的原因并适时地进行改进。

4）对于人力资源管理，加深对于在实现共同目标方面所起作用和职责的理解，能够减少相互交叉职能间的障碍，改进团队工作。

6.“持续改进”原则

持续改进是组织的一个永恒目标。

（1）实施本原则，组织要开展以下活动

1）将持续地对产品、过程和体系进行改进作为组织中每一名员工的目标。

2）应用有关改进的理论进行渐进式的改进和突破性的改进。

3）周期性地按照“卓越”的准则进行评价，以识别具有改进潜力的区域。

4）持续地改进过程的效率和有效性。

5）鼓励预防性的活动。

6）向组织的每一位员工提供有关持续改进的方法和工具方面的教育和培训，如 PDCA 循环，解决问题的方法，过程重组，过程创新。

7）制定措施和目标，以指导和跟踪改进活动。

8）对任何改进给予承认。

（2）实施本原则的重要意义

1）对于方针和战略的制订，通过对战略及商务策划的持续改进，制定并实现更具竞争力的商务计划。

2）对于目标的设定，设定实际的和具有挑战性的改进目标，并提供资源加以实现。

3）对于运作管理，对过程的持续改进涉及组织的员工的参与。

4）对于人力资源管理，向组织的全体员工提供工具、机会和激励，以改进产品、过程和体系。

7.“基于事实的决策方法”原则

对数据和信息的逻辑分析或直觉判断是有效决策的基础。

（1）实施本原则，组织要开展以下活动

1）对相关的目标值进行测量，收集数据和信息。

2）确保数据和信息具有足够的精确度、可靠性和可获取性。

3）使用有效的方法分析数据和信息。

4）理解适宜的统计技术的价值。

5）根据逻辑分析的结果以及经验和直觉进行决策并采取行动。

（2）实施本原则的重要意义

1）对于方针和战略的制定，根据数据和信息设定的战略方针更加实际，更可能实现。

2）对于目标的设定，利用可比较的数据和信息，可制定出实际的、具有挑战性的目标。

3）对于运作管理，由过程和体系的业绩所得出的数据和信息可导致改进和防止问题的再发生。

4）对于人力资源管理，对从员工监督、建议等来源的数据和信息进行分析，可指导人力资源方针的制定。

8.“互利的供方关系”原则

通过互利互惠的关系，增强组织及其供方创造价值的能力。

（1）实施本原则，组织要开展以下活动

1）识别并选择主要的供方。

2）把与供方的关系建立在兼顾组织、社会的短期利益和长远目标的基础之上。

3）清楚地、开放式地进行交流。

4）共同开发、改进产品和过程。

5）共同理解顾客的需求。

6）分享信息和对未来的计划。

7）承认供方的改进和成就。

（2）实施本原则的重要意义

1）对于方针和战略的制定，通过发展与供方的战略联盟和合作伙伴关系，赢得竞争的优势。

2）对于目标的设定，通过供方早期参与，可设定更具挑战性的目标。

3）对于运作管理，建立并管理与供方的关系，以确保供方能够按时提供可靠的、无缺陷的产品。

4）对于人力资源管理，通过对供方的培训和共同改进，发展和增强供方的能力。

5.5 危机管理

企业的成功和失败是企业研究的核心问题。长期以来，无论是管理学界还是实务界，对于企业的成功研究较多，而对企业失败的研究相对较少。然而在成千上万的企业当中，成功的企业毕竟只是少数，而且全世界绝大多数成功的企业都遭遇过各种危机，当然更多的企业是走向了失败。

据统计，美国每年成立的小公司约有 50 万家，其中 3/4 在一年内就倒闭破产。在美国新创公司有 20%完全失败，60%受到挫折，只有 20%左右能够成功。日本《调查日报》统计，日本公司的成功率只有 11%～20%；阿姆斯特丹斯特拉提克斯集团针对企业寿命所做的一次调查显示，在日本和欧洲，所有公司的平均寿命只有 12.5 年。《长寿企业》一书的作者阿里·德赫斯指出，《财富》评出的全球 500 家或与之相当的跨国公司的平均寿命是在 40～50 年。在 20 世纪 70 年代被评为 500 强的公司到 1983 年就有三分之一消亡了。正如迈克尔·里杰斯特所说：85%的企业总裁都相信“企业危机与死亡和税收一样不可避免！”

5.5.1 危机与企业危机

1. 危机与风险

（1）危机的定义

在危机研究过程中，专家、学者们给危机赋予各种各样的定义。芬克把危机定义为：在确定的变化逼近时，事件的不确定性或状态。巴顿把危机定义为：惊奇，对重要价值的高度威胁、需要在短时间内做出决定的特定状态。弗恩·班克思把危机定义为：对一个组织、公司及其产品或名声等产生潜在负面影响的事故。斯格等人把危机定义为：一种能够带来高度不确定性和高度威胁的、特殊的、不可预测的、非常规的一系列事件。从以上不同学者的定义我们可以看出，就其本质而言，危机就是在一定的风险条件下，具有发生的意外性、结果的破坏性和处理的紧迫性等特点的紧急事件。

（2）风险的定义

所谓风险，是指发生对组织不利事件的可能性。风险只是指不利的事件在多大的程度上可能发生的概率而已，这表明不利事件并不一定会发生或者一定不会发生。因此风险表明了一件事件发生的可能性，但这并不表示，风险与危机没有必然关系，不可以把风险置之不理或者忽视，还是要注重风险的防范和化解，以避免风险转化为危机。

（3）危机与风险的关系

风险不等于危机，只是在风险防范不善，造成的危害达到较大的程度时危机才会发生。也就是说，风险的存在是导致危机发生的前提。对风险进行有效的评估和管理可以防范危机的发生。如果对各种风险熟视无睹，或者对于已经认识到的各种风险不采取有效的措施，风险就会演变成危机。因此危机与风险的区别可以概述为两点：

1）风险是危机的诱因。

2）并非所有的风险都会引发危机，只有当风险所造成的危害达到一定的程度时，才会演变为危机。

2. 企业危机的定义

企业危机是在企业经营的过程中，由于宏观环境突然变化（如国家标准、行业问题的暴露），以及企业在经营的过程中没有按照规范进行生产运营、未达到客户的要求都会引发的一系列危害企业的行为。

企业经营活动的发生总是伴随着企业与外部世界的交流以及内部员工与股东间利益的调整行为。由于各种组织与组织之间、个体与个体之间、组织与个体之间的利益取向不同，从而不可避免地导致它们之间的各种利益冲突。当这些冲突发展到一定程度并对企业声誉、经营活动和内部管理造成强大压力和负面影响时，就演变成了企业危机。

3. 企业危机的性质

企业危机是一个复杂多矛盾综合体，具有多种性质，归纳起来，最主要的四种性质如下。

（1）危机的双重性

芬克说："在汉语中，组成危机的两个字分别表示危险和机会。"危机的本质就在于危险性和机会性同在。企业遭遇危机不一定只有损失，也可能从中获利。最典型的例子就是 JS 公司的"TN 胶囊中毒事件"。JS 公司虽然在此次危机中损失了上亿美元，但因为 JS 公司处理危机得当，使得 JS 公司不但恢复了危机之前的市场地位，而且公司的知名度和声誉有了进一步的提升。

（2）危机的隐蔽性

不管是来自企业外的危机还是形成于企业内的危机都是不易察觉的，外来的危机生成的范围在企业外，不受企业的控制，很难及时地发现，如 2001 年美国的"9·11"恐怖袭击，完全是企业无法预料的。而内在危机虽然形成于企业内，但它往往要经历一个渐变的过程，完成从量变到质变的飞跃，因此也隐藏得很深。

（3）危机的扩散性

危机管理学者米罗夫和皮尔森对危机的扩散性有一个形象的说法，就是"连锁效应"。它是指初始危机就像投入水中的石头，所引起的冲击破坏可能包含了石子撞击池底、在水面及周边溅出水花和涟漪荡漾而引起的波动。也就是说，一种危机的发生往往会引发其他几种危机同时并发。

（4）危机的复杂性

企业危机很少是由单一因素造成的，往往是由内在经营管理和外在市场环境等错综复杂的因素综合作用下产生的。因此，企业危机爆发后，企业管理者很难迅速找出引发危机的原因并制定出准确的应急对策，也因此造成了危机管理的复杂性。

4．企业危机的类型

在现实生活中，企业爆发的危机形式各异，影响的范围和程度各有不同，这从客观上决定了企业危机具有多种类型。不同的学者从不同的角度划分了企业危机的类型，因此也就得到了不同的危机分类方法。目前，比较有代表性的危机分类方法为以下三种。

（1）西蒙从危机发展的速度，将危机分为三大类

1）蔓延性危机。这种危机是慢慢渗透发展的，刚开始的时候看不出问题，一旦危机完成了从量变到质变的过程，在到达质变的一瞬间危机就爆发了。如产品销售下滑引发的企业危机。

2）周期性危机。企业的生命周期可以大致划分为上升期、高潮期、平稳期和低潮期，在各时期普遍所经历的危机就称之为周期性危机。

3）突发性危机。这种危机是在很短的时间内突然爆发的。引发危机的原因主要来自企业外部，企业很难对其进行预警和监测，如地震、海啸等自然灾害或恐怖袭击。

（2）米罗夫和宾格将危机以内在及外在、人为及非人为等为标准划分了四种类型

1）内在的非人为危机，例如，工业意外灾害。

2）外在的非人为危机，例如，自然灾害。

3）内在的人为危机，例如，品质管理存在问题。

4）外在的人为危机，例如，恐怖袭击。

（3）危机管理领域的著名学者卢森泰和库兹敏提出了一个基本的归类方法，即危机的分类方法基本上可以归为两类

一类是基于危机影响的领域，如国际危机、国内危机及组织危机；另一种是基于危机参与者的态度，如一致性危机和冲突性危机。一致性危机是指危机的利益主体具有同样的要求，如全体员工参与工厂灭火；冲突性危机是指存在两个或两个以上不同利益的主体，如劳资纠纷等。

还有很多学者按照危机发生所涉及的企业管理职能的领域，将企业危机划分为战略管理危机、财务危机、市场营销危机、人力资源危机以及公共关系危机等。

5.5.2 企业危机管理

1．企业危机管理的含义

危机管理的概念是由美国学者于20世纪60年代提出的。在20世纪80年代，由西方一些跨国公司将危机管理引入企业管理中。对企业危机管理的研究，目前仍处于发展中，学者们所讨论的企业危机管理可以分为广义和狭义两种。广义的企业危机管理是指企业管理人员在危机意识或者危机观念的指导下，依据危机管理计划，对可能发生或已经发生的企业危机事件进行预测、监督、控制、协调、处理、恢复的全过程。如果按照企业危机管理阶段理论

来划分的话，大致可以划分为事前、事中和事后三个阶段。狭义的危机管理实际上就是通常所说的危机处理，是指对企业危机进行控制、处理和恢复等过程，只包括事中和事后两个阶段。本书讨论的是广义的企业危机管理。

2. 企业危机管理的起源与发展

（1）企业危机管理的起源

关于企业危机的研究，国外最早可以追溯到第一次世界大战以后，当时德国出现恶性通货膨胀；1929 年，美国又发生严重的经济萧条。在这种情况下，危机管理作为企业防卫的管理应运而生。那时危机管理只是单纯的危险对策、保险管理、安全技术和防灾计划。但由于企业经济环境、竞争环境和经营情况的复杂化和多样化，企业对危险管理逐渐实现了组织化和系统化。

（2）企业危机管理的发展

第二次世界大战以后，由于暂时确立了新的国际经济和政治秩序，社会经济生活获得了比较平和安宁的环境，资本主义经济在此期间获得了较快的增长，西方企业界也趁有利的经济形势和经营环境迅速发展自己的业务，企业规模不断扩大。西方许多企业已发展成为庞大的跨国公司。然而，进入 20 世纪 70 年代后，随着美国经济实力的相对下降，比较稳定的经济秩序开始走向局部动摇，国际经济摩擦进一步加深，利益冲突也更加剧烈，跨国公司所依赖的经济环境逐渐复杂化。在这种新的背景下，从事海外业务的跨国公司经常面临许多突发性事件的冲击，诸如政府权力干预、国际经济制裁以及绑架人质等在海外经营中时有发生。

因此，在 20 世纪 80 年代初，西方跨国公司提出了企业危机管理，其主题是企业在遭受外部的危机性打击时应该如何应对并探讨危机形势下的管理变革。到了 80 年代末，美国学者在研究企业危机现象时，进一步提出将企业管理问题作为危机起源来研究其过程机理。他们认为企业管理的问题来自两个方面：一是外部环境突变造成的冲突，二是内部决策不当所导致的问题。至此，现代企业危机管理的雏形已经形成。

【案例 10】 企业要时刻保持“居安思危”的意识

哈尔滨某著名集团是在 20 世纪 90 年代中期崛起的一家保健品生产企业，经过 8 年的努力，该集团已发展为在全国各地有 180 多家分公司、年产值达数亿元的大型保健食品企业，其品牌也成为家喻户晓的知名品牌。

然而在 2000 年 9 月 18 日，卫生部通报了 185 种补钙类产品的抽检结果，在 10 种不合格的产品中，该集团生产的某壮骨粉产品也名列其中。由于该集团长期推广，该产品已在全国市场打响，这一道封杀令，无疑是在市场上投下了一颗重磅炸弹。

此次事件正好给了竞争对手可乘之机，一场横扫该产品的行动在全国各大商场展开。该集团上海分公司经常收到冒名的工商、外经贸委等部门的电话，通知该集团将产品全部撤下柜台。更有甚者，该产品的竞争对手在一些大商场中散发卫生部此次通报的新闻报道，令他们气愤的是这些宣传品有些粘在该产品包装上。

全国的消费者也纷纷给该集团打电话、写信质询。从 2000 年 9 月起，全国各地的商家为保证自己所售壮骨粉为合格产品，也纷纷出钱送到有关部门检测，一时间，该保健品的销售在全国进入了低谷。

【案例分析】 保健品是个高风险的行业，容易遇到各种各样的意想不到的危机。自 2000 年卫生部发布案例中保健品的个别指标超标以来，该保健品的销售明显滑坡，而其中一个重要的原因就是企业的危机管理能力薄弱。

该集团总裁当时正在南方视察市场，闻听此事紧急飞回总部哈尔滨，迅速召开董事局会议，24 小时内向全国各分公司发出紧急通知：不管是什么原因，集团不惜一切损失立即回收市场上所有批号为××××的产品；并责令全公司实行整改、自查、整顿，尤其在原料关上重点清查。

2001 年 6 月 6 日，卫生部对哈尔滨市某集团生产的壮骨粉质量进行长达 9 个月的跟踪检测后认定其生产条件符合卫生规范的要求，产品符合国家有关食品的卫生标准。至此，这起引起全国保健品行业特别关注的事件，终于有了一个结果。

【案例警示】 该集团总裁说：这对我们的企业来说是一个教训。在 2000 年 9 月以前该产品相当热销，当时供不应求，但是我们忘记了预防危机的发生。

6 月 15 日，该集团专门请有关专家就企业危机问题进行了研讨，专家指出：其所犯的错误是被抽检出问题产品为×××××号，但这并不意味着所有的产品都不合格。对于消费者，该集团没有将这一重大信息及时反馈给他们，致使消费者认为所有的产品均不合格。

此次风波给人们一个思考的机会。一个人不能保证一生不犯错误，同样企业也不会保证永远不犯错误，我们要给企业以改正的机会，一棒子打死一个产品是不可取的。卫生部通报抽检的不合格产品不是要把企业往火坑中推，而是希望企业就此改正，政府职能部门对企业的监督只是一种手段，更重要的是督促其改正。

企业做大了，不要在销售形势良好的情况下以为前方就是红地毯，企业要建立自己的“预警机制”，必须要有化解风险，尤其是化解危机的能力。

【案例 11】 危机管理，公众利益优先

1982 年 9 月 29 日和 30 日，美国芝加哥地区发生了有人口服含氰化物的 TN 药片而中毒死亡的事故。一开始死亡人数只有 3 人，后来却传说全美各地死亡人数高达 250 人。TN 药片中毒事件的消息迅速扩散到全美国。据有关调查显示，有 94%的消费者知道这一事件。

作为美国 JS 公司的主打产品之一，TN 镇痛胶囊于 1975 年问世后，很快赢得了市场消费者的青睐。在中毒事件发生前，TN 在美国非处方成人止痛药市场中的占有率达到了 37%，年销售额高达 4.5 亿美元。其销售收入达到 JS 公司总销售收入的 8%，利润占公司总利润的 15%。

TN 中毒事件引起全美国约 1 亿服用过 TN 胶囊的消费者的极大恐慌，一时舆论哗然。JS 公司面临一场生死存亡的巨大危机。

事件发生后，在 CEO 的领导下，JS 公司迅速采取了一系列有效措施。

1）首先，JS 公司立即抽调大批人马对所有药片进行检验。经过公司各部门的联合调查，在全部 800 万片药剂的检验中，发现所有受污染的药片都源于一批药，总计不超过 75 片，并且全部在芝加哥地区，不会对全美其他地区有丝毫影响，而最终的死亡人数也确定为 7 人。

2）但 JS 公司仍然按照公司最高危机方案原则，即“在遇到危机时，公司应首先考虑公众和消费者利益”，不惜花巨资在最短时间内向各大药店收回了所有的这种药，共数百万瓶，并花 50 万美元向有关的医生、医院和经销商发出警报。

事故发生后，TN 的市场份额曾一度下降。当 JS 公司得知事态已稳定，并且向药片投毒的疯子已被拘留时，并没有将产品马上投入市场。当时美国政府和芝加哥等地的地方政府正在制定新的药品安全法，要求药品生产企业采用“无污染包装”。JS 公司看准了这一机会，立即率先响应新规定，结果在价值 12 亿美元的止痛片市场上挤走了它的竞争对手，仅用 5 个月的时间就夺回了原市场份额的 70%。

JS 公司处理这一危机的做法成功地向公众传达了企业的社会责任感，受到了消费者的欢迎和认可，还因此获得了美国公关协会颁发的银钻奖。

原本一场“灭顶之灾”竟然奇迹般地为 JS 公司迎来了更高的声誉，这归功于该公司在危机管理中高超的技巧。

5.5.3 企业危机管理的原则

近年来闹得沸沸扬扬的“KTK 药品”事件、“×××口服液”事件、“KK 饮料”事件以及举国关注的某品牌汽车信任危机等无不在时刻提醒企业界：在企业的经营过程中危机无处不在、无时不有，无论是享誉世界、规模庞大的跨国公司，还是那些默默无闻为数众多的中小企业，都面临着危机的困扰，都难逃脱危机的侵袭。如何化解危机，甚至将危机转化为企业的机遇，已成为现代企业迫在眉睫的问题，危机管理再次引起了企业界的关注。面对危机，各个企业的态度往往不甚相同，有的步步为营、小心谨慎，有的处变不惊、游刃有余，也有的无所适从、手忙脚乱。其实危机并非灭顶之灾，只要处理得当，往往可以化险为夷，甚至在公众中树立“勇于承担责任”的良好企业形象。

【案例 12】 拯救 KK 饮料

1996 年 6 月中旬，比利时和法国的消费者饮用“KK 饮料”后出现不适症状，随即引起欧洲大陆公众的极度心理恐慌。随后短短 10 天，KK 饮料股票直线下跌，销售额损失数千万。更为严重的是，KK 饮料公司苦心经营起来的品牌形象与公司信誉遭到重创。正当 KK 饮料的竞争对手们准备看一幕“大厦将倾”的好戏时，KK 饮料的经营管理者力挽狂澜，公司数周内就转危为安了。KK 饮料公司又一次以其沉着应对显示了其危机管理的能力。首先，公司所有高层管理者亲赴比利时等国处理饮料污染事件，公开向受害者道歉；其次，公司委托比利时的一家独立的卫生检测机构调查处理事故原因并将调查结果公之于众；再次，宣布污染事件是发生在局部地区的偶然事件，在中国更是借商检部门检查之际，反复向媒体说明污染的欧洲 KK 饮料并没有输入到中国境内；最后，KK 饮料公司在处理事件的整个过程中，始终控制住信息的发布源，防止危机信息的错误扩散，使其竞争对手无空子可钻。KK 饮料公司在处理危机时所表现出来的冷静、从容以及技巧，可见其危机管理能力十分出色。

1996 年某知名口服液同样因“污染”事件，被消费者告上法庭，此次危机历经三年，虽最终赢得官司，保住了名誉，却从此元气大伤，公司再也无法回到当初的鼎盛期；南京某食品公司由于“月饼陈馅”事件面临着关闭破产。危机管理是立足于应付企业突发的危机事件，抗拒突发的灾难事变，趋利避害，化险为夷，将损失降至最低点，尽最大可能保护企业的声誉。因此企业实施危机管理时要遵循以下原则。

1. 做好预防原则

危机管理并不是像某些人想象的那样，仅将业已发生的危机加以处理和解决。如果危机管理仅限于此，则绝不能达到企业危机管理的最佳状态。在对全球工业 500 强的董事长和总经理的调查中，发现这些企业被危机困扰的时间平均为 8 周半，没有应变计划的公司要比有应变计划的公司长 25 倍。危机后遗症的波及时间平均为 8 周，没有应变计划的公司也比有应变计划的公司长 25 倍。可见，对危机进行预防是必要的。所谓“凡事预则立，不预则废”，企业的危机管理应从事前做起，在机制上避免危机的发生，在危机的诱因还没有演变成危机之前就将其平息。危机管理必须如奥斯本和盖布勒所说的：“使用少量钱预防，而不是花大量钱治疗。”

2．快速反应原则

危机的突发性特点要求危机处理必须迅速有效。危机一旦发生，伴随着大众媒体的介入，会立即引起社会公众的关注。企业必须以最快的速度设立危机处理机构，调集训练有素的专业人员，配备必要的危机处理设备或工具，以便迅速调查、分析危机产生的原因及其影响程度，全面实施危机管理计划。由于公众对危机信息的了解愿望是迫切的，他们密切关注事态的发展。企业发布信息必须及时，以便有效地避免各种谣言的出现，防止危机的扩大化，加快重塑企业形象的进程。

危机发生后如果长时间听不到企业的声音，公众就会不满，就会怀疑企业解决问题的诚意，就会批评指责，而且对企业不利的消息越容易流传。时间拖得越久，企业的信誉危机和经济损失越严重。因此，把握时间就是把握机会，一定要在危机出现时的 24 小对内召开新闻发布会，通过媒体向公众提供他们关心的信息，避免公众听信对企业不利的消息。

【案例 13】

2004 年 11 月 30 日，香港廉政公署拘捕了“涉嫌盗取公司资金”的某公司董事局主席。当日，该公司在香港被停牌，该公司多名高管当晚即召开紧急会议，商议对策，并在深圳该公司大厦紧急约见媒体。接下来的几天该公司都在积极处理事件。12 月 5 日，该公司高管在京召开新闻通报会，该公司自始至终都在强调两件事：一是该公司会积极配合香港廉政公署的调查；二是整个集团的各项事务一切运转正常，不会因此受到不良影响。在深圳市政府的支持和全体员工的配合下，该公司不仅实现了销售和回款的双增长，还实现了从家族式管理向现代企业制度的“革命”。该公司的这次公关活动打破了企业家涉案被捕后企业“树倒猢狲散”的宿命。该公司在这次事件中能突破难关，起决定性作用的恐怕就是有效的媒体沟通了。在事发当日立即召开记者招待会，及时向媒体通报情况，通过媒体传播使公众了解事件真相，12 月 5 日后再次召开新闻通报会，及时将事件进展状况告知公众，并通过媒体向公众表明自己的态度，从而最大限度地遏制了谣言，取得了公众的信任。该公司就胜在抢在第一时间将最新消息通过媒体告知公众，从而最大限度地遏制了谣言，取得公众的信任。

3．顾客利益至上原则

当危机发生后，不论是什么原因，企业都应该遵循顾客利益原则，即把顾客利益放在第一位，而不能一味顾及自身付出的经济价值。如果是由于产品质量的问题而引发的危机，如问题产品给顾客造成了损失或使用带来了不便，这时企业必须承担全部责任，向顾客道歉以示诚意，必要时要不惜一切代价给顾客以补偿，以表明企业对顾客负责的态度。

4．主动出击原则

一般而言，“主动出击是最好的防御”这一原则总是适用的。当危机发生时，企业应立即承担第一消息来源的职责，主动配合媒体的采访和公众的提问，掌握对外发布信息的主动权。如果企业作为第二或第三消息来源，很容易造成媒体的误导和公众的误解，陷入被动。危机发生之后，不论危机的责任在何方，企业都应主动承担一定的责任。即使受害者对于危机的爆发负有一定的责任，企业也不应急于追究，否则容易加深矛盾，不利于问题的解决。在情况尚未查明、公众反应强烈之时，企业可以采取高姿态，宣布如果责任在于自己，一定负责赔偿，以尽快消除危机的影响。

【案例 14】

由于“禽流感”在亚洲部分地区肆虐，以经营炸鸡和鸡肉汉堡为主的某品牌快餐连锁店生意一落千丈。中国某品牌快餐公司为此迅速做出反应，第一时间在北京召开新闻发布会，邀请北京市商务局饮食管理部门领导、农业大学营养专家和畜牧业专家到店示范品尝，消除公众的疑问，起到了积极的正面宣传和带动作用，同时宣布在北京、上海、广州、深圳、杭州、苏州、无锡 7 个市场推出一款非鸡肉类产品作为替代产品。该品牌快餐还制定了一系列完善的应急计划，如供应商的每一批货都要求出具由当地动物检疫部门签发的《出入境动物产品检疫合格证明》和《动物及动物产品运载工具消毒证明》并证明所有的供货“来自非疫区、无禽流感”等，及时汇集了三份文件《该品牌快餐有关禽流感问题的 Q&A》《关于该品牌快餐危机处理的对外答复》《该品牌快餐有信心有把握为消费者把关》并专门召开新闻发布会，向公众宣布：世界卫生组织和其他权威机构证明：食用烹煮过的鸡肉是绝对安全的，从而先入为主地从宏观上掌握了主动权。

5. 真诚沟通原则

当危机发生之后，大众媒体和社会公众最不能容忍的事情并非危机本身，而是企业千方百计隐瞒事实真相或故意说谎。企业应尽快与大众媒介取得联系，公布事实真相，不能利用记者不熟悉专业的弱点弄虚作假，也不能遮遮掩掩，像挤牙膏一样，否则会欲盖弥彰，不利于控制危机局面。为大众媒体设置障碍是愚蠢的，因为记者可以在最大范围内揭露疑点，从而引起人们的种种猜测，加大危机处理的难度，对恢复企业形象极为不利。由于有些危机本身就是由于公众误解造成的，向公众提供真实的信息，通过大众媒介广泛宣传，误解自然就会消除。如果由于各种原因企业不能完全讲出有关危机的各种细节，最起码应保证所披露的内容是完全真实的。

真诚沟通是危机处理的基本原则之一，这里的真诚是指“三诚”：诚意、诚恳、诚实。如果做到了这“三诚”，则一切问题都可迎刃而解。

“诚意”。在事件发生后的第一时间，公司的高层应向公众说明情况，并致以歉意，从而说明企业勇于承担责任、对消费者负责，赢得消费者的同情和理解。

“诚恳”。一切以消费者的利益为重，不回避问题和错误，及时与媒体和公众沟通，向消费者说明事情进展情况，重拾消费者的信任和尊重。

“诚实”。诚实是危机处理最关键也最有效的办法。人们会原谅一个人的错误，但不会原谅一个人说谎。

【案例 15】

1973 年 8 月，英国的某杂志发布一份报告称：“据统计资料表明，只有 2%的母亲由于生理原因不能哺育，只有不到 6%的母亲是因为不在家而不能哺育。这些食品公司为了商业利益而片面宣传其母乳替代作用，发展中国家由于相信了宣传，每年大约有 1000 万名婴儿因非母乳喂养而营养不良、疾病或死亡。”由此引发抵制某品牌奶粉产品的世界性运动，这场抵制运动以“维护母乳喂养”为主旨，反对以品牌奶粉公司为代表的世界食品工业企业不负责任地在发展中国家大量倾销婴儿食品和婴儿牛奶。

N 公司的决策者采取了对抗的方式，将该文作者告上法庭。结果被告因没有足够的证据支撑其“该品牌奶粉是婴儿杀手”的观点而败诉。但是令该品牌始料不及的是，虽然赢得了官司，却失去了媒体和公众的信任，引起了抵制运动的全面爆发。美国新闻记者米尔顿·莫斯科维兹甚至称“抵制该品牌产品”运动是“有史以来人们向大型跨国公司发起的一场最为激烈和最动感情的战斗”。

直到 1980 年末，该品牌公司才意识到具有对抗性的法律手段并不能解决所有的问题，于是重金聘请世界著名的公关专家帕根为公关顾问。帕根把工作重点放在抵制情绪最严重的美国，专心听取社会批评，开展游说活动，还成立了权威性的听证委员会，审查该品牌产品的经销行为，并调整产品推广方案，在广告上加入了母乳喂养的好处等营养学常识，在华盛顿还成立了该品牌营养学协调中心，要求各地经销商注意平衡市场推广和营养常识普及的宣传力度。这一系列的举措逐步挽回了该品牌的信誉。

这场长达十年的抵制运动让该品牌付出了沉重的代价，仅婴儿乳制品一项直接损失就达 4000 万美元之巨。

6. 维护信誉原则

保护组织的信誉，这是危机处理的出发点和归宿。危机的发生势必会对组织的信誉带来一定的影响，使组织形象受不同程度的损害。因此，尽管危机得到妥善解决，但并不意味着危机的结束。组织特别要做好危机善后工作，要通过大量细致入微的工作，采取必要的措施（总结经验教训，做出相应的人事调整和组织机构调整，处理有关责任人，增强企业对抗危机的免疫力等），来弥补因危机造成的各种损失，从根本上改变公众对组织的不良印象，恢复重建良好公众形象。只有当企业的公众形象重新建立之际，企业才能真正谈得上转危为安，企业危机的解决才能有完满的结局。

当危机本身缺乏客观性或形势最终演变为对组织的经营能力表示怀疑时，维护企业的形象便显得更加重要。

【案例 16】

1996 年，某品牌饮料公司被诉产品出现中毒事件，形象危机悄然而至。该品牌生产的豆类系列饮料，除在香港占有 95%的市场份额外，还出口国际市场。1996 年 1 月，接到公司产品发酸的投诉后，公司立即收回 3000 万盒。然而，同样的事情再次发生，公司却只将焦点放在了解决内部问题上，没有及时对消费者做出保证。

该品牌最初的快速反应并不坚定。1995 年 10 月 24 日，第一次投诉与产品回收事件（5 万盒）发生。而 1996 年 1 月 4 日发生的产品污损事件则需要回收 800 万盒饮料。于是，保障过程受到指责，股票价格下跌了 8.5%。1996 年 1 月 9 日，公司停止生产盒装豆类饮料，投诉停止，这时已回收了 3000 万盒饮料。处事不力，市场份额丢失。然而，最糟糕的是公司在此次事件上表现出的不坚定与主次不分给人留下了很坏的印象。这种给消费者以及投资人造成的消极形象意味着该品牌公司需要花费更大的力量才能收复失地。

7. 系统运行原则

一只鹿被猎狗追赶，慌不择路跑进一个农家院子，恐惧不安地混在牛群里躲藏起来。一头牛好意地告诫它说：“在我们这里，你当然能躲过猎狗。但你在这里不一定是安全的。因为如果有人经过这里，你等于就是自投罗网。”这时，主人进来了，一边埋怨牛饲料分配得不好，一边走到草架旁大声说：“怎么搞的，只有这么一点点草料？牛栏垫的草也不够一半。”当他在牛栏里走来走去检查草料时，发现露出在草料上面的鹿角，于是把鹿杀掉了。

这个故事告诉我们，在逃避一种危险时，不要忽视另一种危险。在进行危机管理时必须系统运作，绝不可顾此失彼。只有这样才能透过表面现象看本质，创造性地解决问题，化害为利。

危机的系统运作主要是做好以下几点：

1）以冷对热、以静制动。危机会使人处于焦躁或恐惧之中。所以企业高层应以“冷”对“热”、以“静”制“动”，镇定自若，以减轻企业员工的心理压力。

2）统一观点，稳住阵脚。在企业内部迅速统一观点，对危机有清醒认识，从而稳住阵脚，万众一心，同仇敌忾。

3）组建班子，专项负责。一般情况下，危机公关小组的组成由企业的公关部成员和企业涉及危机的高层领导直接组成。这样，一方面是高效率的保证，另一方面是对外口径一致的保证，使公众对企业处理危机的诚意感到可以信赖。

4）果断决策，迅速实施。由于危机瞬息万变，在危机决策的时效性要求和信息缺乏条件下，任何模糊的决策都会产生严重的后果。所以必须最大限度地集中决策使用资源，迅速做出决策，系统部署，付诸实施。

5）合纵连横，借助外力。当危机来临，应充分和政府部门、行业协会、同行企业及新闻媒体充分配合，联手对付危机，在众人拾柴火焰高的同时，增强公信力、影响力。

6）循序渐进，标本兼治。要真正彻底地消除危机，需要在控制事态后，及时准确地找到危机的症结，对症下药、谋求治“本”。如果仅仅停留在治标阶段，就会前功尽弃，甚至引发新的危机。

【案例 17】

1984 年 12 月 3 日深夜，从印度一个地下储藏罐中泄漏出来一种有毒的气体，覆盖了周围 25 平方英里的土地。凌晨时，已有 1200 人死亡，20000 人中毒。这种毒气是印度农民和果农所用杀虫剂的基本原料，由美国联合碳化物公司印度分公司生产。新闻媒介的记者、环境组织的代表、政治家、毒气专家都迅速介入了这场灾难。有关此事故的报道在几小时里就出现在报纸的头版头条。

美国联合碳化物公司总部得到消息后，立即向全世界各地的分公司发出指令，停止该种气体生产和运输，并于当天举行新闻发布会，并且派出一个由 1 名医生、4 名技术人员组成的小组赴印度调查事故原因。第二天，公司董事长沃伦·安德森冒着被逮捕的危险飞到了印度作第一手调查。

由于反应及时，联合碳化物公司逐步赢得了主动权。但是由于缺乏系统的危机管理运作，联合碳化物公司的管理人员对记者的提问和猜测莫衷一是。结果，不少记者在新闻稿里开始猜测有关事故的原因，工厂的安全保障情况，致命化学品是否能在人口密集地区进行生产，可能出现的大规模索赔以及公司应该承担的责任等。这些猜测作为头条新闻广为传播，使联合碳化物公司付出惨痛的代价。

8. 权威证实原则

自己称赞自己是没用的，没有权威的认可只会徒留笑柄。在危机发生后，企业不要自己整天拿着高音喇叭叫冤，应该请重量级的第三方发表意见，使消费者解除对自己的警戒心理，重获他们的信任。

【案例 18】

1983 年，英国某公司推出 BY 牌超浓缩加酶新型洗衣粉，并迅速取得成功，一度市场占有率上升到了 50%。但不久报纸和电视纷纷报道这种新型洗衣粉会导致皮肤病，结果，该洗衣粉的市场份额骤降。

在危机发生后，该公司没有自己去辩解，而是采取了两方面的措施。

一方面，由消费者实话实说。于是公司开展了一个公关活动，在电视、报纸以及宣传单上，由不同的家庭妇女担任广告的主角，对产品大加赞誉，称“已有 500 万家庭妇女认为新型的该品牌全自动洗衣粉是当今最好的洗衣粉”。

另一方面，由权威专家实话实说。公司安排皮肤病专家进行独立实验，结果表明，“0.01%的皮肤病患者可能有与使用新型该品牌全自动洗衣粉有关”“与其他同类产品相比，它的这种百分比要小得多。”

通过消费者的肯定和权威专家的鉴定，该品牌洗衣粉很快收复了失地。

9. 灵活运作原则

危机随时随地都有可能发生，而且形式多样，所谓“计划永远跟不上变化”。即使我们事先做好危机的预防，但我们也要随着事件的不断发展、变化，对原订的预防措施或抢救方案灵活地运作。要随客观的变化而有针对性地提出有效措施和方法。

5.6 习题

1. 填空题

请将“整理”“整顿”“清扫”“清洁”“素养”填在适当的位置。

1）区分工作场所内的物品为“要的”和“不要的”是属于“5S”中的__________。

2）将必需物品按照类别分别放置是属于“5S”中的____________。

3）在小区内吸烟，随手丢弃烟蒂，属于“5S”中的______________。

4）建立清扫区域划分制度并予以保持，属于“5S”中的____________。

5）目视管理方法在“5S”中的________阶段大量使用。

6）“5S”起源于_______，是指在工作现场对人员、机器、材料等要素进行有效管理的一种管理方法。

7）整理工作的有效推行关键是要克服舍不得丢弃而实际又用不成的吝惜观念，因此整理要先判断物品的重要性，再减少不必要的积压物品，这就是__________原则。

2. 选择题

1）整顿是要减少__________浪费。

a）时间　　b）地点　　c）空间　　d）人员

2）整理主要是减少__________浪费。

a）时间　　b）工具　　c）空间　　d）包装物

3）公司_________需要整理和整顿。

a）生产现场　　b）办公室　　c）每个地方　　d）仓库

4）整理是根据物品的_________来决定取舍。

a）购买价值　　b）使用价值/ 频率

c）是否占空间　　　　　　　　　　d）是否能卖好价钱

5）“5S”与公司及员工有哪些关系？

a）提高公司形象　　　　　　　　　b）增加工作时间

c）增加工作负担　　　　　　　　　d）没有关系

6）对整理的理解，以下哪个更确切？

a）把物品摆放整齐　　　　　　　　b）把设备打扫干净

c）把不要的东西处理掉　　　　　　d）把物料等全部收拾好并整齐放置

3．判断题

1）仓库保管员清楚物品在哪里，不标出也没有关系。（　　）

2）“5S”活动是一切。（　　）

3）我们通常所说的定置管理是“5S”中的“整顿”的一种方法。（　　）

4）长年养成的工作习惯，虽然不合理，但容易工作，不必以公司的制度规定来约束，这样反而不便。（　　）

5）5 个“S”并不是孤立的，而是相互联系的，整顿是整理的基础，而整理又是整顿的巩固。（　　）

6）在推行“5S”现场管理活动时，如果没有进行有效的整理便对现场进行整顿，往往造成现场无法取舍、混乱的情况出现。（　　）

4．思考题

1）目标管理有什么优缺点？

2）在目标管理过程中，应注意一些什么问题？

3）增加和减少员工奖金的发放额是实行奖惩的最佳方法吗？除此之外，你认为还有什么激励和约束措施？

4）你认为实行目标管理时培养完整严肃的管理环境和制订自我管理的组织机制哪个更重要？

5）试述质量的含义。

6）试述八项质量管理管理原则的内容及运作思路。

5．实践思考题

自行组合一个“5S”团队，共同商议一个校园里的场所，对其进行现场改良活动。制定出具体的工作计划和分工并实践。

第6章 团队合作

6.1 团队合作概述

飞行的大雁有一种合作的本能，它们飞行时都呈 V 形。这些大雁飞行时定期变换领导者，因为为首的大雁在前面开路，能帮助它两边的大雁形成局部的真空。科学家发现，大雁以这种形式飞行，要比单独飞行多出12%的距离。合作可以产生 1+1>2 的效果。

据统计，诺贝尔获奖项目中，因协作获奖的占 2/3 以上。在诺贝尔奖设立的前 25 年，合作奖占 41%，而现在则跃居至 80%左右。启示：分工合作正成为一种在企业中的工作方式的潮流，被更多的管理者提倡，如果我们能把复杂的事情变得简单，我们做事的效率就会倍增，这就是简单化、专业化、标准化的关键。一个由相互联系、相互制约的若干部分组成的整体，经过优化设计后，整体功能能够大于部分之和，产生 1+1>2 的效果。

现代社会赋予团队合作能力以较高的价值。团队合作能力既是每个员工事业成功的必备条件，也是一个企业生存下去的关键因素之一。

在实际的企业运作与发展中，会经常看到这样的情形，有些企业在创业时几个人都能相互配合，鼎力互助，在没资金、没项目的困难条件下都能取得成功。可是，当企业发展壮大后，个人英雄主义开始膨胀，在有资金、有人才、有项目的情况下，企业反而垮台了，为什么会这样呢？不言而喻，没有组织的概念，没有团队的精神，组织充其量也只是一个集合体。

6.1.1 团队的含义

团队是由两个或两个以上的人组成的，通过人们彼此之间的相互影响、相互作用，在行为上有共同规范的一种介于组织与个人之间的组织形态。其重要特点是，团队的成员在心理上有一定联系，彼此之间相互影响。那些萍水相逢、偶然会合在一起的一群人，虽然在时间、空间上有某些共同的特点，但他们之间在心理上没有什么相互影响和相互作用，因而称不上是团队。

可以说，团队并不是一群人的机械组合，这和群体不同，一个真正的团队应该有一个共同的目标，其成员的行为之间相互依存、相互影响，并且能默契配合，不断创造和追求团队的业绩。

如果没有团队合作的精神，个人的计划再精彩可能也不会圆满实现。中国有句俗语叫“一个篱笆三个桩，一个好汉三个帮”，说的就是这个道理。“物以类聚，人以群分”。如果将组织看成是一个完整的人体，团队就是构成人体的各类系统，如消化系统、循环系统等，个人则是组织或团队的最基本的细胞。任何人都不是孤立的，人总是生活在社会组织或群体中，并以组织或者团队的身份和他人交往，在交往过程中，形成了类型各异、规模不同的各式各样的团队。

6.1.2 “团队”与“群体”的区分

说到“团队”，我们要与“群体”这个词区分开来。在现实生活中，人们很容易将这两个概念混为一谈。虽然“群体”可以向“团队”过渡，但“团队”和“群体”有着根本性的区别。

在英文中，“团队”叫做“Team”，“群体”叫做“Group”。在中文中，“团队”是指为了实现某一目标而由相互协作的个体所组成的正式组织；而“群体”则是可能有着共同目的，但却缺乏协作性、没有凝聚力的人群。所以，不管是英文还是中文，这两个概念的内涵都相差甚远。

即使不从抽象的意义上来讲，我们也可以清晰地分辨出两者的差异。我们说到哪些人、哪个公司是一个团队时，一定是从内心认可它是有着高度的合作精神和集体战斗力的；而我们说到哪些人、哪个公司只是一个群体时，一定是没有把它想象成一个有核心、有凝聚力、有协作精神的组织。

6.1.3 团队在职场的表现形式

团队在职场的主要表现形式有三种。

1．职场的正式组织

在职场，团队呈现出多种形式。在公司内部的分公司，如制造部、人事科。一些政府部门的某某局、某某处等都是团队。

2．职场的业余组织

在职场中的一些业余组织或者松散型组织也是团队。比如，公司里组织的篮球队、游泳队、合唱队、读书会、体操队等。

3．职场的改善小组

在职场中，有时为了一个临时的改善项目，会在一定的时间内临时成立一个小组，成员从各个部门抽取。比如，某公司发现产品不良率一直偏高，但是一下子又找不到具体原因，就会想办法进行解决。一般会成立不良率改善小组，从制造管理、生产技术、制造技术、品质管理、生产管理等部门抽取一定人员，在一定时间内组成改善小组进行攻关。这也是团队的一种表现形式。

6.1.4 团队合作的优势

团队合作是为了一个共同的目标，通过团队成员的通力协作、密切交流来一同达成这个目标。

团队是团结的结晶，团队是力量的凝聚。共同的愿望、共同的目标、共同的行动、共同的成功，使团队浑然一体，成为企业的中流砥柱。

团队如此盛行，可归纳为以下一些优势。

1．创造集体精神

团队的成员希望也要求相互之间的帮助和支持，以团队方式开展工作，促进了成员之间的合作并提高了员工的士气。团队在规范和鼓励成员工作卓越的同时，还创造了一种增加工作满意度的氛围。

2．使管理层有时间进行思考

采用团队形式，尤其是自我管理工作团队形式，使管理者得以脱身去做更多的战略规划。当工作以个体为基础设计时，管理者往往要花大量时间监督下属，解决下属出现的问题，而很少有时间进行战略思考。运用工作团队，则让管理者把精力转而主要集中于诸如长期发展计划等重大问题上。

3．提高决策速度

把一些决策权下放给团队，能使组织在做出决策方面具有更大的灵活性。团队成员对与工作相关的问题常常要比管理者知道得更多，并且离这些问题也更近些。因此，与以个体为基础的工作设计相比，采用团队工作形式，决策常常更迅速得多。

4．促进员工队伍的多元化

由不同背景、不同经历的个人组成的群体，看问题的广度要比单一性质的群体更大。同样，由风格各异的个体组成的团队所做出的决策，要比单个个体的决策更有创意。

5．提高绩效

上述各因素组合起来能使团队的工作绩效明显高于单个个体的工作绩效。与传统的以个体为中心的工作设计，工作团队方式可以减少浪费，减轻官僚主义作风，积极提供工作改进建议并提高工作效率。

6.1.5 团队合作要素

一个高效的团队必须具备一些显著的要素，而正是由于有了这些要素，一个群体组织才能称为团队或高绩效团队。

一般来说，团队的要素有以下几个。

1．共同清晰的目标

团队的成员们有着共同的目标，并清晰地知道目标是什么。为完成共同目标，成员之间彼此合作，这是构成和维持团队的基本条件。实际上，正是这种共同的目标才决定了团队的性质。

团队的目标赋予团队一种高于团队成员个人总和的认同感。这种认同感为如何解决个人利益和团队利益的碰撞提供了有意义的标准，使得一些威胁性的冲突有可能顺利地转变为建设性的冲突，也正因为有团队目标的存在，团队中的每个人才知道自己的坐标应在哪儿，团队的坐标应在哪儿。

2．成员之间相互依赖

从行为心理上来说，成员之间在行为心理上相互作用，直接接触，彼此相互影响，与团队中的其他个体形成了一种默契和关心。

3．成员共有团队归属感

各成员具有团队意识，具有归属感，情感上有一种认同感，意识到“我是这一团队中的人”“我是这一群体中的一员”，每个人都会感到团队中有他人的陪伴是件乐事。

团队成员彼此心态轻松、工作愉快，所以说，团队意识和归属感形成了团队牢不可破的精神基础。

4．具有责任心

所有高效的团队队员都要共同分担他们在达到共同目的中的责任。世界上没有任何一个团队中的成员是不承担责任的，如果大家都不承担责任，实现共同的目标无疑是一种“空中楼阁”。

设想一下，“老板让我负责任”和“我们自己负责”之间的重要区别。前者可以促使后者的产生，但是没有后者，就不会有团队。“我们自己负责”这么一句简单的话却道出了一个核心问题，那就是团队成员对团队的承诺，以及团队对团队成员的信任。

5. 高效的领导者

团队要想取得高绩效需要果敢、高效的领导者。高效的领导能让团队跟随自己共同度过最艰难的时期，能为团队指明前途方向。他们鼓舞团队成员自信心，帮助他们更充分地了解自己的潜力。优秀的领导者不一定非得指示或控制。高效团队领导者往往担任的是教练和后盾的角色。他们对团队提供指导和支持。

6.1.6 影响团队合作的因素

无论你是谁，都无法仅仅依靠自己来实现所有的目标。你需要下属、同事、上级等人的帮助。

然而，事实证明，相互合作不是一件容易的事情。通过设计可以使装配流水线上的机器人相互配合得天衣无缝。但对于人来说却不行，因为每个人都有自己的想法，况且人不是机器，人都有喜怒哀乐的情感，对任何事情都有自己的判断标准，是公平还是偏颇，是对还是错。

与他人合作时，大多数人都为无效的劳心与费神感到沮丧。合作水平是不同的方法和思想混杂在一起的产物。每个人都凭借自己的经验、直觉和习惯做事，但各自的经验、直觉和习惯又各不相同。各自不同的想法可以成为一种巨大的资源，据此能够提出更多的创意和方法以供选择；但差异的存在也可能成为一种负担，迫使我们难以实现高效的合作。

无法提高团队合作成效的因素是我们在试图提高团队工作成效前必须首先解决的问题。

1. 个人技能有限

即使在独立完成任务时，我们大多数人也都不是效率方面的专家。如果我们自己都不知道该如何提高自己独立工作时的效率，又怎么能指望自己为提高与他人合作完成任务的效率做出贡献呢？

有的人会一遍又一遍地去试图解决某个问题，而不是暂停下来，请教一下别人自己走的路对不对。也许你就是这样一个人，原因可能是因为你没有合理地分配精力，也可能是因为你没有掌握最佳的工作方式。在与他人合作完成一项任务时，你有没有发现你有这种情况发生：你放下手头的工作，转而去做其他工作，结果没有取得任何进展却又去干其他的工作了。

我们的表现常常反映出我们并没有养成与他人合作共事的好习惯。我们没有一套简易的系统方法来指导我们如何应对遇到的大多数情况。要知道，将一个个独立的人组织起来，甚至不比大多数人仅仅依靠自己单独完成任务简单。

2. 团队内部沟通的有效程度

有些人认为合作就是要“友好”地对待同事：要有礼貌，要和他们做朋友，对他们的意见要随声附和。做“老好人”对搞好合作有些作用，但是办公室里有些“老好人”也正是对合作完成任务发挥作用最小的人（有些甚至是最无用的人）。

团队合作中的沟通非常重要。团队合作过程中需要大量信息的交换沟通，包括上、下级之间的命令、指示、联络、报告。另外，团队中的领队还应当合理运用表扬与批评等特殊沟通手段以增强团队凝聚力和工作效率。对于整体而言，团队中的沟通交流直接关系到整个工作团队的凝聚力和工作效率；就我们个人而言，有效的沟通能够帮助我们事半功倍地做好工作，是我们创造良好工作成绩的一个重要砝码。我们见过一些负责人，他们拥有自己所希望的权力，但是却很少能够成功地让其发挥作用。有些不良习惯是在人的一生中慢慢养成的，因此仅凭一句话就想改变这些习惯是不可能的。

【思考题】 在自然界中，小小的蚂蚁随处可见。这些黝黑的小精灵有时一窝多达几万只，但每一个蚁窝一般都由一只蚁后（有时会多于一只）、若干工蚁、雄蚁及兵蚁共同组成，它们各司其职、分工明细、各负其责：蚁后的任务是产卵、繁殖，同时受到工蚁的服侍；工蚁负责建造、觅食、运粮、育幼等；雄蚁负责与蚁后繁殖后代，壮大队伍；兵蚁则负责抵御外侵、保护家园。科学家曾发现蚂蚁能救火。后来，一位动物学家的实验证实了这位科学家的发现。科学家把一盘点燃的蚊香放进了一个蚁巢。开始，巢中的蚂蚁惊恐万状，约20秒钟后，许多蚂蚁迎险而上，纷纷向火冲去，并喷射出蚁酸。一只蚂蚁能喷射的蚁酸毕竟有限，因此一些“勇士”葬身火海。但它们前赴后继，不到一分钟，终于将火扑灭。

请问是什么让小小的蚂蚁能顺利扑灭大火？给你们的启示又是什么？

6.2 如何提高大学生团队合作能力

课堂活动设计——你会进行团队合作吗？

【活动目标】

1）使学生认识到培养团队合作能力的重要意义。

2）让学生通过自测和学习，既能意识到团队合作的重要性，也能积极参与团队实践活动，以逐步提高团队合作能力。

【活动流程】

1）学生对课后习题中的自测题进行自我测试，结果不用公开。

2）让学生参与课堂团队实践活动，本章结束后再次自测，看两次结果是否有变化。

【案例 1】 很多人喜欢看《西游记》，多半是因为里面有一个神通广大的孙悟空。他身上闪烁着的那种历久弥新的个性和魅力。在花果山占山为王的孙悟空精力充沛，意志坚决，行动果敢，善于变化，干劲十足，越挫越勇。在去西天取经的路上，他的本领大，法力也强，而且行动迅速，无惧困难，总是能够找到有效的降魔方法。“如果我是孙悟空，那该有多好啊！”也许每个人心中都曾经这样幻想过。一双火眼金睛可以识破每一个妖魔鬼怪；七十二般变化可以让自己渡过很多险境；一个筋斗十万八千里，行动迅速；一根如意金箍棒，无敌力量，无人能挡。可悲的是，这样无所不能的孙悟空，却始终跳不出如来佛的手掌心，他承受“紧箍咒”的折磨，而且还要保护唐僧，有人甚至认为命运对孙悟空太不公平了。

【案例分析】 孙悟空的故事，可以说是一个由个人奋斗失败后转向团队成功，最终实现个人价值的经典案例。孙悟空成长的故事告诉我们这样一个道理：当我们学会了做人后，就要学习如何与人为善，如何建立一种互相帮助的人际关系。所有的困难都源于我们的性格和观念。战胜困难的过程，就是战胜自我的过程，就是融入团队的过程，也就是生命成长的过程。团队的成长是一个艰难的过程，因为组成团队的每一份子都是人，而做人似乎从来就不是一件容易的事。你会发现，同样是一个孙悟空，从前大闹天宫，那么强烈地试图改变这个世界，其结果却是惨遭失败，被压在五行山下不能翻身。经过一段漫长的取经之路，他不得不屈服于“紧箍咒”的魔力，在不知不觉中改变了自己，结果却赢得了个人与团队的共同成功。《西游记》所讲述的其实就是孙悟空从“改变世界”到“改变自我”的一段成长历程。

个人能力再强，如同孙悟空一样，但也不一定能胜任团队工作。那么，作为一名大学生，到底如何才能提高自身的团队合作能力呢？显然团队合作的能力不是一蹴而就，它与你所学的专业并无绝对联系，但却是非常重要的一项软技能。许多 500 强企业在招聘时都十分看重应聘者的团队合作能力。不少心怀理想、满腔抱负的年轻人却因为在面试中被面试官认定不适合团队合作工作，或者团队合作意识不强等原因而未能成功应聘自己理想的岗位。虽然，大家在短时间内未必能迅速提升团队合作的能力分值，但是首先应建立对团队合作的核心理念的正确理解，让团队合作的理念渐渐融入你的校园生活，帮助你今后能够顺利敲开职场大门。

6.2.1 我能为团队贡献什么——善于观察、勤于思考

【案例 2】 一次海难中生还的 5 个人漂流到了一个小岛上，他们为了生存，必须建造一栋房屋，以抵御野兽与即将到来的寒冬，幸好小岛上有大量的石料可以使用。但是，这些石料都非常巨大且沉重，每块都需要 4 个人各抬一角，才能移动。漂流到小岛上的一共有 5 个人，大家都相互推诿，不愿意去抬石料，眼看寒冬将至，盖房子的工作却没有一点进展。这时候，又有一个人遭遇海难漂流到这个小岛，当知道大家在为盖房子而苦恼时，这个人先是在小岛上转了一圈，而后把大家召集起来，对大家说：“我已经调查并估算过了，我们盖房子大约需要 480 块石料，每块石料要 4 个人抬，那么就是要 1920 人次，我们是 6 个人，每人抬 320 次，每天每人抬 32 次石料，一天就可以抬 48 块，十天全部抬完。用不了一个月，我们的房子就能盖起来。”由于大家的劳动付出是一样的，不计先后，每天完成这个工作量就可以休息，所以其他人同意了这个建议。但是，如果抬石料时四个人中有一个人偷懒，石料就很可能落地，砸伤其他人的脚，这样一来虽然自己没有受伤，却打破了这个劳动分工的平衡，如果受伤的人超过两个，将无法再完成房子的建造，所以为了自己，大家都全力以赴。

【案例分析】 在现实中，我们有时候做事情之所以会半途而废，往往不是因为难度太大，而是觉得成功遥不可及。

在企业里，老板喜欢能够独立思考、善于主动解决问题的员工。假如你能善于观察，勤于思考，在工作中能主动发现问题、解决问题，那很快就会成为受企业欢迎的“关键员工”。企业中最优秀的员工是注重思考、善于主动寻找解决方法的人，一个员工的思考品质直接决定了他的工作效能。

很多成功人士之所以能在事业上有辉煌的发展，也是因为凡事都愿意思考，主动寻找解决方法的结果。他们身上有一个共同的规律——最优秀的人，往往是最重视思考、最善于寻找方法、最善于做正确事情的人。他们坚信凡事都会有解决办法，办法总比困难多，而且总是有更好的办法。

【案例 3】 两只陌生的蜗牛在某个路口相遇了，它们彼此用触角碰了碰，互致问候，然后各自继续朝相反的方向爬去。但不幸的是，它俩拥有相同的疑问：对方这么急地朝我来过的路，肯定有什么事，或者是那路上有什么宝贝我没发现。这样想着，它们便同时调转头，按原路返回。在同一个路口，两只蜗牛又相遇了，它们仍然彼此友好地又用触角碰了碰，各

自继续往回爬去。忙碌了一辈子的蜗牛，不知不觉中又爬回了自己的起点。

你在团队中是怎样忙碌的？千万记住不要在忙碌中迷失了自我以及前进的方向，否则就是南辕北辙，欲速则不达。

在企业里，有些人表面看起来非常努力，但是为什么却没有业绩，或业绩不突出？原因在于他们虽然做了很多事情，却没有认真思考正确的方向，按照客观情况的需要去做。这样无论多么拼命地做事也没有用，如果只是拼命地蛮干，自己却不动脑思考，一定不会成功的。只有在做事情的过程中开动了脑筋，才可能更快地达成目的。

所以，团队里的每个成员，一定要解放思想，积极思考，每一个人的脑袋都不闲着。同时要擦亮眼睛看清形势，了解企业的需求，明白自己的任务和岗位，认真地做事，还要做对事情，更要用正确的方法做对事情。这样才能让每一个人都对团队贡献智慧，让每一个人都有机会和平台贡献智慧，发挥自己的才能和专长，最后达到员工和企业双赢的效果。

6.2.2 责任重于能力——你的心中要有担当

【案例 4】 2012 年 5 月 29 日中午，杭州客运司机吴斌驾驶大客车行驶于沪宜高速，途中被一个来历不明的金属片砸碎前窗玻璃后刺入腹部导致肝脏破裂，他强忍疼痛将车停稳，并提醒车内 24 名乘客安全疏散和报警。后被送往医院抢救。2012 年 6 月 1 日凌晨 3 点 45 分，吴斌因抢救无效死亡，年仅 48 岁。他的先进事迹得到广泛流传，并被人们称为杭州最美司机。监控画面记录下了当时突发的一幕，时间共 1 分 16 秒：被击中的一瞬间，吴斌本能地用右手捂了一下腹部，看上去很痛苦，但他没有紧急刹车或猛打方向盘，而是强忍疼痛让车缓缓减速，稳稳地停下车，打起双闪灯，拉好手刹，最后他解开安全带挣扎着站起来，打开车门，疏散旅客。他回头还对受到惊吓的乘客说：“别乱跑，注意安全。”做完这一切，吴斌瘫坐在了座位上。

【案例分析】 每个城市都有公交车，每天行进在大街小巷的公交车就是一张城市流动的名片。我们的公交行业或许还存在这样、那样的缺点和不足，但当吴斌用尽生命最后的力量把乘客送达安全地带后，这一举动给杭州的公交行业乃至全国的公交行业增添了绚丽的一笔，更将一份责任永远传递下去。

责任让人坚强，责任让人勇敢，责任也让人知道关怀和理解。清醒地意识到自己的责任，并勇敢地扛起它，无论对于自己还是对于社会都将是问心无愧的。人可以不伟大，可以出身卑微，也可以清贫，但不可以没有责任。任何时候，我们扛起肩上的责任，就是扛起自己对生命的信念。其实很多时候，我们需要的可能只是一种精神上的支撑。所有人共同努力，担当起自己的责任，才会有生活的宁静和美好。

【案例 5】 有个勤劳的农夫在自家附近开垦了一个菜园，经过他精心设计和辛苦劳作，里面种了很多美味的蔬菜和五颜六色的鲜花。他每天最大的乐趣就是忙完田地里的农活，来到菜园里侍弄自己喜爱的蔬菜和鲜花。然而，最近有件事情让他很苦恼：常有野兔光顾菜园，它们去的次数比他还要多，那些蔬菜被啃得乱七八糟。农夫试图把野兔赶出去，但很多办法都无济于事。最后，他想到了这片土地的主人。他思量：既然是主人，就应该有责任解决人们遇到的种种烦恼，当然也能保护他的菜园免于野兔的侵扰。于是，他去求助。没想到，地主很爽快地答应了，轻松得令他吃惊。事情进展得超乎意料的顺利，反而让农夫觉得有点不安。不过他还是认为，既然主人答应过的事情，就一定能够办到，他一定有办法将那些危害自己菜园的野兔除掉。等农夫一走，主人就喜形于色地对随从说：“好久没有打猎了，快点去准备家伙吧。”于是地主率领着众人，骑着马，牵着猎犬前往农夫的菜园。结果可想而知，地主不但没有解决兔子糟蹋蔬菜的问题，反而把农夫精心侍弄的菜园践踏得一塌糊涂。那些蔬菜和花都被踩烂了，好些好不容易开始长根的树苗和草坪也全都毁了，农夫看到后捶胸顿足，后悔莫及。

【案例分析】 其实，作为团队中的一员，每个人都有自己的岗位和责任，也会遇到工作中的难题与困惑。这时候，正确的方法应该是自己动手处理与解决，而不要一味寄希望于别人，更不要寄希望于领导为你处理。对他人抱有奢望，你得到的将是更大的失望。

是否具有责任心，是衡量一个员工是否称职的主要指标之一。在现代社会里，人们相互依赖的程度越来越深，社会分工日益精细。分工越细，越需要责任心，因为任何一个环节的失职，都可能导致整个事业的崩溃。因此，作为企业的员工，也应该志存高远，“选择你所爱的，爱你所选择的”，把为社会和企业负起责任当作自己的人生奋斗目标和价值体现，这样才能满怀激情地投身到工作和生活中去。

6.2.3 边工作边成长——团队凝聚共同发展

【案例 6】 一棵苹果树，饱受无数的风吹雨淋之后，终于结果了。第一年，它结了 10 个苹果，9 个被拿走，自己得到 1 个。对此，苹果树愤愤不平，觉得自己付出太多，得到太少，吃了大亏，于是自断筋脉，拒绝成长。第二年，它结了 5 个苹果，4 个被拿走，自己得到 1 个。“哈哈，去年得到了 10%，今年得到 20%！翻了一番。”这棵苹果树心理平衡了。第三年，这棵苹果树结了 3 个果子，又瘦又小，被人拿走两个，自己得到一个。“哈哈，今年我得到 33%，越来越多了。”苹果树窃喜了。第四年，这棵苹果树只结出一个果子，又涩又酸又小，果农看了看，转身走了，苹果树却大喜：“哈哈，我得到了 100%，那人一个也没得到”。第五年，这棵苹果树一个果子也没结，被果农砍掉劈柴烧了。

【案例分析】 如果你是一个打工族，当你遇到了不懂管理、野蛮管理或错误管理的上司时，当你遇到不合理的规定时，当你得到不公平的待遇时，你是不是做了那棵因为激愤和满腹牢骚而自断筋脉的苹果树？提醒你：无论遇到什么不公，不论遇到什么事情，都要提醒自己，做一棵永远不断成长的苹果树，因为你的成长永远比每个月拿多少钱重要，比得到多少眼前利益重要。

因此，我们可否为这棵苹果树这样设想，例如，第二年它结了 100，被拿走 90 个，自己得到 10 个。很可能，它被拿走 99 个，自己得到 1 个。但没关系，它还可以继续成长，第三年结 1000 个果子，第四年结 5000 个果子，第五年……

你是不是一个已经自断筋脉的员工？

刚开始工作的时候，你才华横溢，意气风发，相信“天生我才必有用”。但现实很快敲了你几个闷棍，或许，你为单位做了大贡献但没人重视；或许，你只得到了领导的口头重视却得不到实惠……总之，你觉得自己就像那棵苹果树，结出的果子自己只享受到了很小的一部分，与你的期望相差甚远。

于是，你愤怒、懊恼、牢骚满腹……最终，你决定不再那么努力，让自己的所做去匹配自己的所得，对得起那点工资就行了。几年过去后，你开始反省，却猛然发现那时的你，已经没有刚工作时的激情和才华了。

其实，得到多少果子不是最重要的。生命是一个历程，是一个整体，事业只是一个结果。我们觉得自己已经成长过了，现在是该结果子的时候了。我们太过于在乎一时的得失，而忘记了成长才是最重要的。

最重要的是，苹果树在成长!等苹果树长成参天大树时，那些曾阻碍它成长的力量都会微弱到可以忽略。因此，不要太在乎眼前得到果子的多少，成长是最重要的。那么，让我们在团队中做一棵永远成长的苹果树吧!

6.2.4 善于学习和自我管理——做最有效的自己

中国教育的先圣孔子有句话我们再熟悉不过了：学而时习之，不亦说乎？孔子的意思是，学习是人生中一件很快乐的事情。把这话推广到现代的学习和企业管理中来，我们会奇怪：为什么孔子认为学习是很快乐的事，而我们现在的学习却总让人觉得很枯燥呢？

孔子所处的年代，只有官学，没有私学，而现在，九年义务制教育普及了，大学也很多。孔子的时代没有太多书籍，文字要很费工夫地刻在竹简上，我们现在动动手指、敲敲键盘就可以书写，面对的是浩如烟海的书籍。需要注意的是，孔子认为的学问不像现在人所理解的那样功利，是单纯的读书、学知识。孔子认为学问是从人生经验中来，是从做人、做事上去体会的。也就是说，一个人在做学问时，要随时思考、体验、反省，从生活和工作中得到启迪。如果你这样做，使自身的思想修养有所提高，这难道不是件很高兴的事吗？

我们完全可以把孔子看做一个管理大师，从这个意义上讲，他其实开宗明义地交代了管理方法是从哪里来，管理是什么，我们该怎样去做的问题。管理是一门科学，也是一门艺术。管理植根于现实，植根于企业管理实践。企业管理者和团队成员在实际工作中要善于观察学习，要善于思考、体验和反省，做到“学而时习之”，在复杂环境中保持清醒的头脑，使企业在激烈的竞争中保持稳定发展。“学而时习之”不仅要求管理者要这样做，而且要求企业的每一位员工都这样做。要求员工努力学习，制订自己的学习计划，对公司的问题提出看法和建议，从而建立起一种良好的学习氛围和优秀的企业文化，对企业形象和无形资产的提高产生深远的影响，这难道不是一件让管理者和员工都欢欣喜悦的事情吗？

我们身处知识更新越来越快的时代，许多大学时学的知识已经过时了，学习的重要性不言而喻。越来越多的人认识到，企业间的竞争越来越厉害，“一次性学习时代”已告终结，学历教育已被终身学习所取代，企业间的竞争最终会落脚到对各行业人才的竞争上。而作为企业的一员，只是肯学习还无法形成竞争力，只有当整个企业的员工都具有很强的学习力时，企业才能有竞争力。

推荐以下 6 种学习方式。

1. 自觉学习

反省检讨自己的“短板”在哪里、盲点是什么，有哪些工作中急需的能力和知识是自己还不具备的，主动突破自己的知识瓶颈是自我进步的关键途径。

2. 分享学习

与人分享越多，自己将会拥有越多。与一个人交流，你也许只学到一个人的思想，如果与十个人、一百个人，或者更多人呢？

3. 快乐学习

终生学习就要快乐学习，开放心胸并建立正确的思维模式，让自己通过学习完成心理准备，应对各种挑战及挫折。

4．改造学习

自我改造，通过学习创造价值和降低成本努力，这种改造的效果往往是巨大的。

5．国际学习

面对无国界管理的时代，商品、技术、金钱和人才等，皆跨越国界流通。因此，身为现代人，学习的空间也应向国际扩展，开创全球化学习生涯。

6．自主学习

每个人设计自己的职业和生活规划时，要自主地选择学习项目，安排好自主学习计划，以迎接人生的挑战。

6.2.5 互助精神和积极心态——你与企业共赢的双翼

【案例 7】 都勒和奈斯丁是一对好朋友，都是在奋斗中的画家。由于贫穷，他们必须半工半读才能够继续学业。可因为工作占去了他们太多时间，两人的画艺都进步得很慢，梦想的遥不可及撕扯着两个人的心。思考了良久，两个人想出一个办法，决定以抽签的方式来决定：一个人全职工作来挣取两人的生活费，另一个人则全心全意学习艺术。抽签的结果是都勒继续学习画画，奈斯丁辛勤工作，供应两个人的生活所需。不久，都勒前往欧洲学习，奈斯丁则继续无怨无悔、任劳任怨地工作着，赚取着两个人的生活费用及都勒的学习费用，守卫着自己的承诺。几年后，都勒成功了，成为著名画家，他按照两个人当初的约定找到奈斯丁，履行支持奈斯丁学习的协议。可他却发现，为了支持自己，奈斯丁那原本优美敏感的手指已经因辛勤工作而僵硬扭曲，遭到终生的损坏，已经不能灵敏地操作画笔了。都勒心痛如绞，奈斯丁却宽厚地笑着，他丝毫没有因为无法完成自己艺术家的梦想而难过，心中反而充满了为朋友成功的喜悦。这天，都勒去拜访奈斯丁，发现奈斯丁正合着双手，跪在地上，安静而诚挚地为都勒的成功做祷告。天才艺术家双眼潮湿，将朋友那双祷告的手画了下来。这幅画就是举世闻名的《祷告的手》。

【案例分析】 每个人的生命道路都不是一直平坦的，靠你一个人的力量可能是走不好的。只有跟别人在一起，为了同一个目标，一起做事情，才能把这件事情做成。一个人的力量很有限，但是一群人的力量是无限的。当五个手指伸出来的时候，它是五个指头；可是当你把五个手指握起来的时候，它是一个拳头，会比五个分散的手指有力量得多。未来除了要你自己努力争取成功，还一定要跟别人一起成功。跟别人团结在一起，形成“我们”，你才能够把事情做大、做成功。

【案例 8】 有两个乡下人准备外出打工，他们一个买了去纽约的票，一个买了去波士顿的票。到了车站，打听后才知道纽约人很冷漠，指个路都想收钱；波士顿人特别质朴，见了露宿街头的人都会特别同情。去纽约的人想，还是波士顿好，挣不到钱也饿不死，幸亏车还没到，不然真掉进了火坑。去波士顿的人想，还是纽约好，给人带路都能挣钱，幸亏还没上车，不然真失去了致富的机会，最后，两个人在换票地点相遇了，原来要去纽约的人去了波士顿，打算去波士顿的人到了纽约。去波士顿的人发现，这里果然好。他初到那里的一个月，什么都没干，竟然没有饿着。银行大厅里的水可以白喝，而且商场里还有“欢迎品尝”的点心也可以白吃。去纽约的人发现，纽约到处都可以发财。只要想点办法，再花点力气就能挣钱。凭着乡下人对泥土的感情和认识，第二天，他在建筑工地装了 10 包含有沙子和树叶的土，以“花盆土”的名义，向不见泥土而又爱花的纽约人兜售。当天他往返 6 次，净赚了 50 美元。一年后，他竟然凭着“花盆土”拥有了一间小小的门面。在常年的走街串巷中，他又有了一个新的发现：一些商店楼面很亮丽而招牌却较黑，一打听才知道这是清洗公司只负责洗楼却不负责洗招牌的结果。他立即抓住这一机遇，买了人字梯、水桶和抹布，办起一家清洗公司，专门负责擦洗招牌。如今他的公司有了一百多名员工，业务还发展到了其他几个城市。不久，他坐火车去波士顿旅游。在路边，一个捡破烂的人伸手向他乞讨。目光相遇，两人都愣住了，因为 5 年前，他们曾换过一次票。

【案例分析】 在团队工作中，如果你以积极的心态享受工作，工作就会变成很快乐的事情，而当你在工作时感到了快乐和享受，就会充满激情对待眼前的工作，那么你的工作状态和运气也才会良性循环，越来越好。

在传统的管理理论中，对合作研究得并不多，最直观的反映就是，目前的大多数管理制度和行为都是致力于减少人力的无谓消耗，而不是利用团队合作提高每个人的效能。换言之，不妨说管理的主要目的不是让每个人做得更好，而是避免内耗过多。

扬长避短、集中精力首先做好核心业务是企业的生存法宝。通过与业务合作伙伴的分工协作，企业可以更加专注于本身的特长业务，实现优势互补和双赢的目标。

人与人的合作，不是人力的简单相加，而是要复杂和微妙得多。在这种合作中，假定每个人的能力都为 1，那么，10 个人的合作结果有时比 10 大得多，有时，甚至比 1 还要小。因为人不是静止物，而是方向各异的能量，当目标一致、相互推动时，自然事半功倍；相互抵触时，则一事无成。

6.2.6 团队合作实践——团队游戏

团队游戏是指需要团体协作来共同完成任务的游戏。通过团队游戏可以促进团队成员相互之间的沟通，帮助团队成员学会人与人之间的信任，然后通过多人团队游戏的形式来表现团队成员之间的协作能力。

【实践题 1】 盲人取水

游戏人数：6 人/组，共两组

游戏用时：15 分钟

游戏步骤：

1）每小组中找一名队员用蒙眼布将眼睛蒙上、并在起点处原地转 3 圈。

2）在终点处放置一瓶水，要求其他 5 人每人轮流说一个动作（如向右转、向前走×××步等）来指挥那个蒙眼人向终点移动。

3）蒙眼的人只能根据小组成员的指挥来行动。

4）第一个拿到水瓶的队伍为获胜团队。

请没有参加游戏的同学请回答：获胜团队的秘诀是什么？

【实践题 2】 共有多少方形

游戏目的：1）证明在团队环境中大家共享想法的重要性。

2）让参与者加入面对挑战、解决问题的练习中来。

3）显示从不同角度看问题的重要性。

游戏人数：每组 4～6 人

游戏时间：30 分钟

准备事项：1）“你看到多少个方形”材料的幻灯片一张。

2）一台投影仪及屏幕。

游戏步骤：

1）放映幻灯片，同时简要介绍。

2）请每个人回答：“从你那个角度看，你看到几个方形？”明确指出这是每个人独立完成的项目。当参与者得出答案时，他/她应当将答案写在一张纸上，同时不能让别人看到内容。

3）当每个人都写下答案后，每 4～6 人为一组进行团队合作，得出一致的正确答案。限时 10 分钟。

4）先问每个人写下的答案是什么。统计在每个团队中得出多少种不同的答案。然后发问，“为什么会有这么多不同的答案？”

一些典型的回答如下：

① 我们从不同的角度看事情。

② 我们有不同的背景。

③ 我们受的培训不同。

④ 我们可能对同一问题有不同的表达方式。

⑤ 说明不清楚（幻灯片上写着“多少个方形”，而你说的是“正方形”）。

5）进行调查：“你认为有众多不同的原因而引起多种不同的答案对于团队合作是有帮助还是有阻碍呢？”答案很明显。

6）询问小组的一致答案。请回答正确的小组或接近正确答案的小组演示他们如何得到正确数字。

7）游戏总结：请各小组群策群力得出团队合作的要点，据此加以总结。以下问题可供参考：

① 这个活动论证了有关团队合作的什么方面？

② 从这个活动中你吸取了什么可以为自己团队所用的经验？

③ 团队成员做什么可以激励或有效支持团队建设？

你看到多少个方形？